高分子材料
合成与创新研究

张宏坤 宫琛亮 梁亚琴 著

Synthesis and Innovation Research of Polymer Materials

化学工业出版社

·北 京·

内容简介

《高分子材料合成与创新研究》主要分为四部分：第一部分介绍了高分子材料的相关基础知识，包括高分子化学、高分子结构、高分子性能等方面的相关综述。第二部分为高分子材料合成基本实验，包括连锁聚合、逐步聚合及高分子反应与组装实验等。第三部分对高分子材料合成的创新研究，其中包含对涂料、能源、光电功能、生物医用等高分子材料的合成研究等。第四部分为合成高分子材料在建筑、汽车、包装、纺织、生物医疗等领域的应用。

本书适合从事高分子材料合成的研究人员阅读，也适合高等院校高分子材料与工程及相关专业师生学习参考。

图书在版编目（CIP）数据

高分子材料合成与创新研究 / 张宏坤，宫琛亮，梁亚琴著.
—北京：化学工业出版社，2023.6
ISBN 978-7-122-43734-1

Ⅰ.①高… Ⅱ.①张… ②宫… ③梁… Ⅲ.①高分子材料-合成材料-实验 Ⅳ.①TB324-33

中国国家版本馆 CIP 数据核字（2023）第 114287 号

责任编辑：彭爱铭 刘 军　　文字编辑：刘 璐
责任校对：刘 一　　装帧设计：史利平

出版发行：化学工业出版社（北京市东城区青年湖南街 13 号 邮政编码 100011）
印　　装：天津盛通数码科技有限公司
710mm×1000mm 1/16 印张 11¾ 字数 193 千字 2023 年 9 月北京第 1 版第 1 次印刷

购书咨询：010-64518888　　售后服务：010-64518899
网　　址：http://www.cip.com.cn
凡购买本书，如有缺损质量问题，本社销售中心负责调换。

定　　价：59.00 元

前言

高分子材料由于具有优异性能，已经广泛应用于人们的衣、食、住、行及工农业生产的各个领域，深刻地改变了人们的生产与生活模式。目前高分子材料正向功能化、智能化、精细化方向发展，也正由结构材料向功能材料方向扩展，进而拓宽了高分子材料的应用领域。

在高分子材料中，合成高分子材料是十分重要的一类。而合成高分子材料的出现，与天然高分子材料的来源不足有着一定的关系。20 世纪 30 年代以后，为了解决天然高分子材料的来源不足，或者获得更好性能的材料，人们开始致力于高分子材料的合成，从而进入了合成高分子时期。高分子材料的合成是一门系统科学,不仅涉及无机化学、有机化学、高分子化学等基本知识，而且其结构确认和性能的表征还涉及物理化学、分析化学和高分子物理的相关知识。为了帮助从事高分子科学研究和高分子材料生产的研究人员及技术人员等能够更系统地了解和掌握高分子材料合成的相关知识，并能将知识运用于实践之中，作者在参阅相关文献的基础上，精心撰写了《高分子材料合成与创新研究》一书。

本书包括 5 章内容。其中，第 1 章为导论，对高分子化学、高分子材料、高分子合成等的基础内容进行了具体阐述；第 2 章对高分子材料合成基础的相关内容进行了详细探究；第 3 章对高分子材料合成基本实验进行了具体说明；第 4 章深入研究了高分子材料合成创新的相关知识；第 5 章对合成高分子材料的多元化应用进行了系统论述。本书在具体的阐述过程中，注重理论与实践相结合，同时注重内容条理明晰，结构明了，逻辑严谨，叙述脉络清楚，力求做到规范性、学术性和前沿性。本书对于高等院校高分子材料与工程专业和化学专业的学生，以及从事高分子研究与应用的人们，具有一定的指导意义。

由于时间仓促，作者水平有限，书中难免存在不足之处，恳请各位专家、学者不吝批评指正，欢迎广大读者多提宝贵意见，以便本书日后的修改与完善。

著者

2023 年 5 月

目 录

第1章

导论

高分子化合物（以下简称高分子，又称聚合物）指的是分子量很大并由共价键连接的一类化合物。这一概念的形成和高分子科学的出现始于20世纪20年代，20世纪30年代已形成高分子化学知识体系。高分子化学、高分子物理和高分子工程组成了高分子科学与工程学科的三个基础性分支学科。而高分子化学出现后，高分子材料以及高分子合成（聚合）工艺等都有了很大发展。

1.1 高分子化学基础综述

1.1.1 高分子化学的界定

高分子化学是合成聚合物材料的基础，是主要研究高分子合成和化学反应的一门学科。所谓高分子合成，就是小分子单体聚合成大分子的聚合反应，包括聚合单体选择、聚合机理研究、反应动力学和聚合影响因素考查等。而高分子化学反应，主要是实现聚合物化学改性的反应，包括天然高分子化学反应和合成高分子化学反应。

1.1.2 高分子化学的任务

高分子化学的任务，是根据人们对高分子材料的性能要求，确定高分子结构，设计合适的合成路线，制备出结构和性能符合应用要求的高分子材料。

高分子材料具有许多优良性能，高分子材料产业是当今世界发展较迅速的产业。塑料、橡胶、纤维、涂料、胶黏剂等高分子材料已广泛应用于电子信息、生物医药、航空航天、汽车工业、包装、建筑等多个领域。新型高分子材料（比如智能材料）正在迅速地被开发与应用。

1.1.3 聚合反应的类型

在对聚合反应进行分类时，主要有两种方式，具体如下。

（1）按聚合反应机理进行分类

按聚合反应机理，可以将聚合反应分为两类，即连锁聚合反应和逐步聚合反应。二者的区别主要反映在平均每一个分子链增长所需要的时间上。

① 连锁聚合反应。连锁聚合反应也称链式聚合反应，进行连锁聚合反应的单体主要是单烯类、二烯类化合物。连锁聚合反应的聚合过程由链引发、链增长和链终止等基元反应组成（图 1-1）。各基元反应的速率和活化能差别很大。反应体系中主要存在单体、聚合物和微量引发剂。连锁反应需要活性中心，主要有自由基、阳离子、阴离子和配位离子四大类。根据活性中心不同，连锁聚合反应又分为自由基聚合、阳离子聚合、阴离子聚合和配位聚合。活性中心的产生可以通过向聚合体系中加入引发剂，也可以通过控制聚合反应条件生成。反应中一旦形成单体活性中心，就能和单体加成，并很快传递下去，瞬间形成高分子。若控制适当的条件，在单体完全反应后，高分子链末端的活性基还能保持活性，继续添加单体后，聚合反应继续进

行，就可制备分子量均一的化合物或嵌段共聚物，实现活性/可控聚合反应。

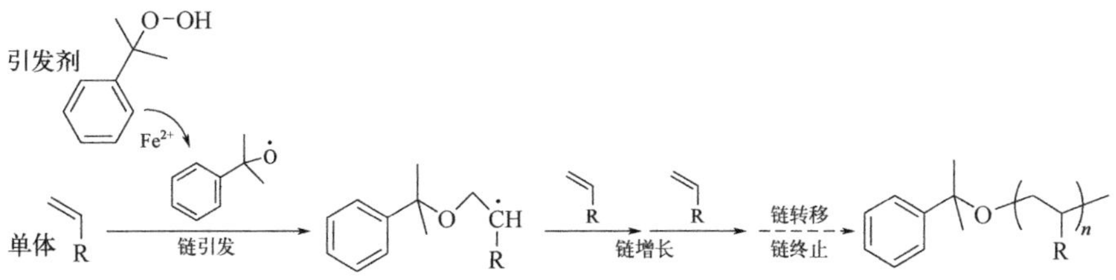

图 1-1 连锁聚合反应

在这里，还要说一下共聚合反应。共聚合反应是指两种或多种单体共同参加的聚合反应（图 1-2），形成的聚合物分子链中含有两种或多种单体单元，该聚合物称为共聚物。共聚合反应多用于连锁聚合，对于两种单体发生的缩聚反应则不采用“共聚合”这一术语。共聚合是高分子材料改性的重要手段之一，利用共聚合反应，可以进一步研究聚合反应机理，测定单体、活性种的活性，实现共聚物的组成与结构的控制，设计合成新的聚合物，增加聚合物材料种类。共聚物组成与单体的组成和相对活性密切相关，由于共聚合反应中单体的化学结构不同，聚合活性有差异，故共聚物组成与原料单体组成往往不同。

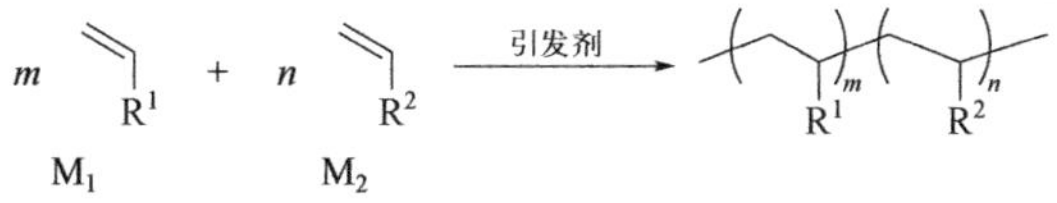

图 1-2 共聚合反应

② 逐步聚合反应。逐步聚合反应最基本的特征是在低分子单体转变成高分子的过程中，聚合反应是逐步进行的（图 1-3）。逐步聚合反应早期，单体很快转变成二聚体、三聚体、四聚体等中间产物，以后的反应在这些低聚物之间进行，相应生成聚合物的分子量也是逐步增加的。大多数缩合聚合和聚加成反应基于逐步聚合反应机理。逐步聚合反应的可逆程度是有区别的，取决于单体的结构和聚合反应条件。聚合体系主要由聚合度不同的同系缩聚物组成。

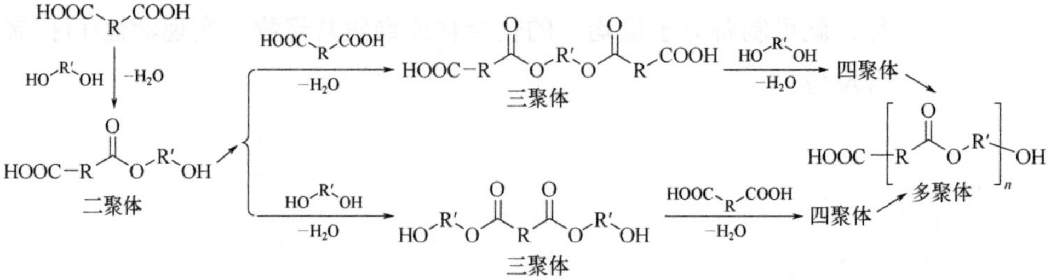

图 1-3　逐步聚合反应

（2）按单体和聚合物在组成和结构上发生的变化进行分类

按单体和聚合物在组成和结构上发生的变化，可以将聚合反应分为三类，具体如下。

① 加聚反应。加聚反应指单体加成而聚合起来的反应，反应产物称为加聚物。加聚反应多属于连锁聚合反应（图 1-1），其特征是加聚反应往往是烯类单体 π 键加成的聚合反应，加聚物多为碳链聚合物。加聚物的元素组成与其单体相同，仅电子结构有所改变，加聚物分子量是单体分子量的整数倍。

② 缩聚反应。缩聚反应是缩合反应多次重复形成聚合物的过程，产物称为缩聚物。缩聚反应多属于逐步聚合反应（图 1-2），通常是单体官能团之间的聚合反应，反应中有低分子副产物产生，如水、醇、氨等，所得缩聚物中往往留有官能团的结构特征，且大部分缩聚物都是杂链聚合物，缩聚物的结构单元比其单体少若干原子，分子量不是单体分子量的整数倍。

③ 开环聚合。环状单体 σ 键断裂后聚合成线型聚合物的反应（图 1-4），相比较缩聚反应，聚合过程中无低分子副产物产生。开环聚合的单体包括环酸、环缩醛、环酯、环酰胺、环硅氧烷等。其中，环氧乙烷、环氧丙烷、己内酰胺、三聚甲醛等环状单体的聚合反应都是工业上重要的开环聚合反应。开环聚合反应推动力是聚合单体环张力的释放。对于开环聚合反应的机理，大部分属于离子聚合（连锁），小部分属于逐步聚合。

1.1.4　高分子化学反应

高分子化合物通过化学反应能够有效实现材料改性，扩大高分子

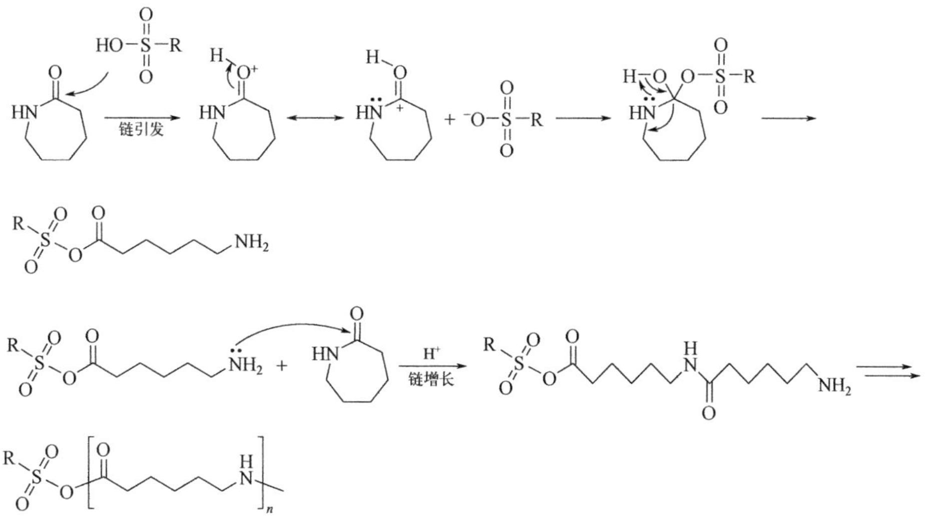

图 1-4　开环聚合

的品种和应用范围。研究高分子的化学反应，可进一步验证高分子的结构，特别是研究影响高分子材料降解、老化的因素和性能变化之间的关系，可促进高分子材料的应用和废弃高分子的处理与再生。

（1）高分子化学反应的特征

从聚合物链段和所带官能团考虑，高分子化合物与相应的小分子化合物类似，可以进行相同的化学反应，包括加成、取代、氧化、还原等反应。但是由于聚合物分子量大，且具有分散性，聚集态结构和溶液行为与小分子化合物差别很大，使其化学反应具有自身特征，高分子化学反应具有不均匀性和复杂性，表现为聚合物官能团的反应活性往往较低，化学反应不完全，基团转化率不能达到 100%，所得改性产物不均一。

（2）高分子化学反应的类型

高分子化学反应有着多样化的种类，且难以按照反应机理全面总结。当前，主要是按照聚合物发生化学反应后的聚合度变化进行分类，基本可以分为以下三类。

① 聚合度基本不变的反应。聚合度基本不变的反应，也称聚合度相似的化学转变，主要是聚合物的基团反应，即聚合物主链、侧基、端基官能团的化学反应，类似于小分子有机化合物的官能团反应（图 1-5）。

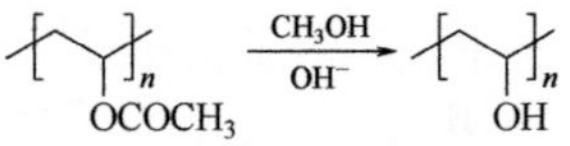

图 1-5　聚合度基本不变的反应

② 聚合度变大的反应。聚合度变大的反应，包括交联、接枝、嵌段和扩链等反应，聚合物反应后分子量明显增加（图 1-6）。

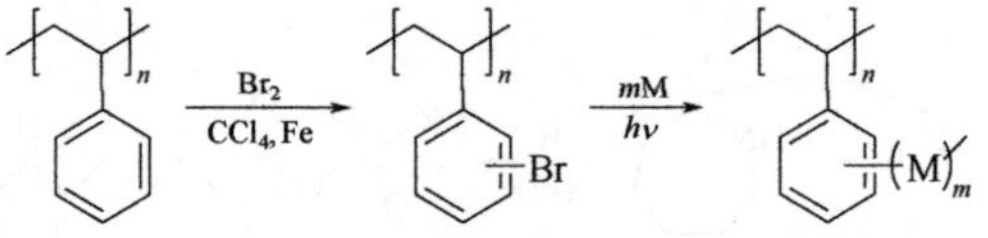

图 1-6　聚合度变大的反应

③ 聚合度变小的反应。聚合度变小的反应，主要是在一定条件下聚合物降解，分子量变小的化学反应，方式包括解聚、无规断链和侧基脱除等，根据条件可分为热降解、光降解、氧化降解和生物降解等（图 1-7）。

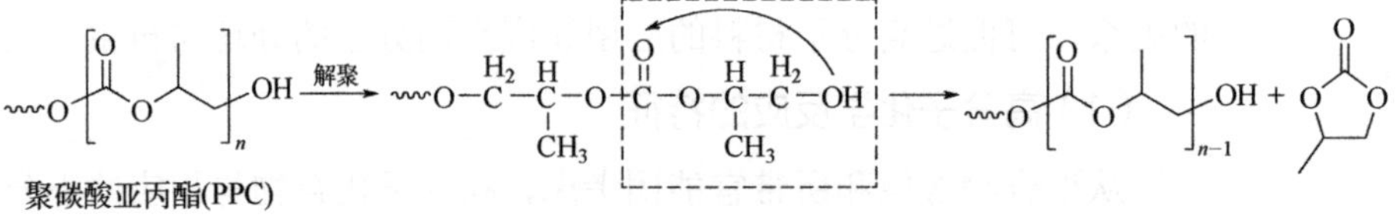

聚碳酸亚丙酯(PPC)

图 1-7　聚合度变小的反应

（3）高分子化学反应的影响因素

高分子化学反应的影响因素，主要有以下几个。

① 概率效应和邻基效应。当高分子链上相邻基团做无规成对反应时，中间往往留有孤立基团，最高转化率受到概率的限制，称为概率效应；高分子链上的邻近基团，包括反应后的基团都可以改变未反应基团的活性，这种影响称为邻基效应。

② 聚集态结构。对于晶态聚合物，由于低分子很难扩散进入晶区，因此晶区不能反应，官能团反应通常仅限于非晶区；对于非晶态聚合物，若处于玻璃态，由于链段运动冻结，也不利于低分子物的扩散，因此高弹态链段活动增大，反应加快，而在黏流态反应可顺利进行。

③ 溶解度情况。高分子链在溶液中可呈螺旋形或无规线团状态，

溶剂改变，链构象亦改变，官能团的反应性会发生明显的变化。即使是在均相溶液中反应，也需要注意局部浓度和生成物的溶解性等问题。轻度交联的聚合物，应适当用溶剂溶胀，这样才易进行反应，如苯乙烯-二乙烯苯共聚物，用二氯乙烷溶胀后，才易磺化。

（4）高分子化学反应的发展

① 由于聚合物化学反应活性较有机小分子低，因此，在聚合度变化不大的高分子化学反应方面，引入高效有机化学反应用于高分子改性成为研究的重点。例如，Sharpless（夏普莱斯）在2001年提出的点击化学，能够高效实现高分子材料的修饰和改性。

② 聚合度变大的化学反应包括交联、扩链、嵌段和接枝，近年的研究主要集中在化学反应可控。例如交联和扩链反应，调整反应条件可以实现反应的可逆进行，有利于材料的智能化。在嵌段和接枝聚合物的制备上，有效利用活性聚合反应体系，确定聚合物的端基及主链活性位点，实现聚合物链段和支链的控制增长。

③ 聚合度变小的化学反应，突出了高分子材料的应用和回收再利用。重点集中在聚合物降解机理研究，特别是光催化聚合物降解机理研究，已取得重要进展。同时，突出多种降解方式的有效结合和构建，例如光催化降解和生物降解结合有利于聚合物的完全降解。降解机理突出应用在聚合物合成和结构设计方面，合成完全可降解的高分子材料。

1.2 高分子材料发展

1.2.1 高分子材料的含义与类型

（1）高分子材料的含义

高分子材料也称为聚合物材料，它是以高分子化合物为基体，再配有其它添加剂（助剂）所构成的材料。

如今，许多传统的材料被高分子材料所取代，而且随着材料品种的不断扩大，许多新型材料相继出现，为电子工业、宇航工业等领域提供了必要的材料，如分离材料、导电材料、智能材料、储能材料、换能材料、纳米材料、生物活性材料、电子信息材料等。特别是多学科相互交叉渗透，大大加快了高分子材料的发展，如与生物工程、医疗医药学科的交叉渗透中，高分子材料成为最有希望解决与活性体之间的生物相容性、组织相容性以及免疫反应问题的有效材料。

（2）高分子材料的类型

通常而言，高分子材料可以分为三类，具体如下。

① 天然高分子材料，如棉、麻、丝、毛等。

② 由天然高分子原料经化学加工而成的改性高分子材料，如黏胶纤维、醋酸纤维、改性淀粉等。

③ 由小分子化合物通过聚合反应合成的合成高分子材料，如聚氯乙烯树脂、顺丁橡胶、丙烯酸涂料等。

1.2.2 高分子材料的发展历程

材料的发展与人类进步和发展息息相关。在这里，主要探讨一下高分子材料的发展历史。高分子材料的发展经过了以下几个阶段。

（1）天然高分子的利用与加工

天然存在的高分子很多，如动物细胞内的蛋白质，植物细胞壁中的纤维素，某些昆虫分泌的虫胶，针叶树产生的树脂埋于地下数万年后形成的琥珀等，都是高分子化合物。人类很早就开始利用这些天然高分子了，特别是纤维、皮革。例如，我国商朝时蚕丝业就已比较发达，汉唐时期丝绸已销往国外。公元105年（东汉）已发明造纸术。至于用皮革、毛裘作为衣着和利用淀粉发酵的历史就更为久远了。

（2）天然高分子的改性和合成

伴随着工业的发展，天然高分子已远远不能满足需要。19世纪中叶以后，人们发明了加工和改性天然高分子的方法，如用天然橡胶经过硫化制成橡皮和硬质橡胶；用化学方法使纤维素改性为硝酸纤维，并用樟脑作为增塑剂制成硝酸纤维素塑料，用乳酪蛋白经甲醛塑化制成酪素塑料。这些以天然高分子为基础的塑料在 19 世纪末已经具有一定的工业价值。20 世纪初，又开始了醋酸纤维的生产。后来，合成纤维工业就在天然纤维改性的基础上建立和发展起来了。

（3）高分子的工业生产

高分子合成工业出现于 20 世纪。第一种工业合成的产品是酚醛树脂，它是 1872 年用苯酚和甲醛合成的，1907 年开始小型工业化生产。首先用作电绝缘材料，并随着电气工业的发展而迅速发展起来。20 世纪 30 年代开始进入合成高分子工业化生产时期。第一种热塑性高分子——聚氯乙烯（PVC）及继而出现的聚苯乙烯、聚甲基丙烯酸甲酯（有机玻璃）等，都是在这个时期相继开始进行工业生产的。20 世纪 30～40 年代，合成橡胶工业与合成纤维工业也发展起来了。20 世纪 50～60 年代高分子工业的发展突飞猛进，几乎所有被称为大品种的高分子（包括有机硅等）都陆续投入了生产。一门崭新的学科——高分子材料学科也随之建立和发展起来。

进入 20 世纪 70 年代后，高分子合成新技术不断涌现，高分子新材料层出不穷。1974 年，美国洛克菲勒大学著名生物化学家梅里菲尔德将功能化的聚苯乙烯用于多肽和蛋白质的合成，大大提高了生命物质合成的效率并缩短了合成时间，在功能高分子材料应用于生命物质合成领域做出了突出贡献。2000 年诺贝尔化学奖获得者日本人白川英树、美国人艾伦·黑格和艾伦·马克迪尔米德等有关导电高分子材料掺杂聚乙炔的研究和应用成果打破了“合成聚合物都是绝缘体”的传统观念，开创了高分子功能化研究和应用的新领域。

1.2.3 高分子材料的发展方向

高分子材料有以下几个发展方向。

（1）高性能化

根据高分子材料的应用场合不同，它应该向着特定的高性能方向发展，如高机械化、耐久性、耐热性和耐腐蚀性等。

（2）高功能化

考虑到未来社会生产和生活对高分子材料的功能要求会越来越

多，高分子材料还应该向着具有光学、生物学以及力学等多种功能的方向发展。

（3）复合化

复合材料的用途广泛，而复合材料一般是以高性能结构的高分子材料作为主要基体。

（4）智能化

当前对高分子材料研究和发展的一个主要趋势就是让材料实现智能化，如具有诊断性、修复性、识别能力和反应能力等。

（5）绿色化

当前，社会发展水平在不断提升，但同时也带来了严重的环境污染问题。为了解决这一问题，很多领域都开展了节能环保的研究，材料科学领域自然也不例外。事实上，通过对高分子材料中的绿色材料进行更加深入的研究和应用，能够对很多环境污染进行控制，同时绿色材料技术也有利于实现对材料的重复循环利用，而这些对降低资源开采和环境污染意义重大。

1.3 高分子合成材料的特性

1.3.1 高分子合成材料的力学特性

相比金属材料而言，高分子合成材料的力学特性具有以下几个鲜明的特点。

（1）低强度和较高的比强度

高分子材料的拉伸强度平均为 100MPa，比金属材料低得多，即使是玻璃纤维增强的尼龙，其拉伸强度也只有 200MPa，相当于普通灰铸铁的强度。但是高分子材料的密度小，只有钢的 1/6～1/4，所以其比强度并不比某些金属低。

（2）高弹性和低弹性模量

高弹性和低弹性模量是高分子材料所特有的性能。橡胶是典型的高弹性材料，其弹性变形率为100%～1000%，弹性模量仅为1MPa。为防止橡胶产生塑性变形，采用硫化处理，使分子链交联成网状结构，随着硫化程度的增加，橡胶的弹性降低，弹性模量增大。

轻度交联的高聚物在玻璃化温度以上具有典型的高弹性，即弹性变形大，弹性模量小，而且弹性随温度升高而增大。但塑料因使用状态为玻璃态，故无高弹性，而其弹性模量也远比金属低，约为金属弹性模量的1/100。

（3）黏弹性

高聚物在外力作用下，同时发生高弹性变形和黏性流动，其变形与时间有关，此种现象称黏弹性。高聚物的黏弹性表现为蠕变、应力松弛和滞后、内耗。

① 蠕变。蠕变是在恒定载荷下，应变随时间延长而增加的现象，它反映材料在一定外力作用下的形状稳定性。有些高分子材料在室温下的蠕变很明显，如架空的聚氯乙烯电线套管拉长变弯就是蠕变。对尺寸精度要求高的高聚物零件，为避免因蠕变而早期失效，应选用蠕变抗力高的材料，如聚砜、聚碳酸酯等。

② 应力松弛。应力松弛与蠕变在本质上是相同的，它是在应变恒定的条件下，舒展的分子链通过热运动发生构象改变，回缩到稳定的卷曲态，使应力随时间延长而逐渐衰减的现象。例如，连接管道的法兰盘中间的硬橡胶密封垫片，经一定时间后由于应力松弛而失去密封性。

③ 滞后、内耗。在交变应力作用下，处于高弹态的高分子，当其变形速度跟不上应力变化速度时，就会出现应变滞后应力的现象，这样就使有些能量消耗于材料中分子内摩擦并转化为热能放出。由于力学滞后使机械能转化为热能的现象称为内耗。

内耗对橡胶制品不利，它会加速其老化。例如高速行驶的汽车轮胎，由内耗产生的热量有时可使轮胎温度升高至80～100℃，加速轮胎老化，故应设法减少内耗。但内耗对减震有利，可利用内耗吸收能量，用于减震的橡胶应有尽可能大的内耗。

1.3.2 高分子合成材料的理化特性

高分子合成材料与金属相比，其物理、化学性能有以下几个特点。

（1）高绝缘性

高聚物主要以共价键形式结合，不能电离，若无其他杂质存在，则其内部没有离子和自由电子，故其导电能力低，绝缘性好。因而高分子材料如塑料、橡胶等是电机、电气、电力和电子工业中必不可少的绝缘材料。

（2）低耐热性

高聚物在受热过程中，容易发生链段运动和整个分子链移动，这会导致材料软化或熔化，使材料性能变差，故高分子材料耐热性差。不同的高分子材料，其耐热性判据不同。如塑料的耐热性通常用热变形温度来衡量。所谓热变形温度，是指塑料能够长时间承受一定载荷而不变形的最高温度。

（3）低导热性

高分子合成材料内部无自由电子，而且分子链相互缠绕在一起，受热不易运动，故导热性差，约为金属的1/1000～1/100。对于要求散热的摩擦零件，导热性差是缺点，如汽车轮胎，因橡胶导热性差，其内耗产生的热量不易散发，引起温度升高而加速老化。但在有些情况下，导热性差又是优点，如机床塑料手柄、汽车塑料方向盘，导热性差会使握感良好。塑料和橡胶热水袋可以保温，火箭、导弹可用纤维增强塑料作隔热层等。

（4）高热膨胀性

高分子合成材料的线膨胀系数大，为金属的3～10倍。这是由于受热时，分子链间缠绕程度降低，分子间结合力减小，分子链柔性增大，使高分子材料加热时产生明显的体积和尺寸增大。因此，在使用带有金属嵌件或与金属件紧密配合的塑料或橡胶制品时，常因线膨胀系数相差过大而造成开裂、脱落和松动等，需要在设计制造时予以注意。

（5）高化学稳定性

高分子化合物主要以共价键结合，不易电离，没有自由电子，又由于分子链缠绕在一起，许多分子链的基团被包裹在里面，使高分子材料的化学稳定性好，在酸、碱等溶液中表现出优异的耐腐蚀性能。被称为“塑料王”的聚四氟乙烯的化学稳定性最好，即使在高温下与浓酸、浓碱、有机溶液、强氧化剂也不起反应，甚至在沸腾的“王水”中也不受腐蚀。

需要指出的是，某些高聚物与某些特定溶剂相遇时，会发生溶解或分子间隙中吸收某些溶剂分子而产生“溶胀”，使尺寸增大，性能变差。例如聚碳酸酯会被四氯化碳溶解，聚乙烯在有机溶液中发生溶胀，天然橡胶在油中产生溶胀等，所以在使用中必须注意避免其与会发生溶解或溶胀的溶剂接触。

1.4 新型高分子合成材料

1.4.1 高性能合成纤维

高性能合成纤维具有普通纤维所无法比拟的力学性能、热性能和化学性能。其主要品种有聚对苯二甲酰对苯二胺（对位芳纶）纤维、芳香族聚酯纤维、超高分子量聚乙烯纤维及聚苯并噁唑（PBO）纤维等。

（1）聚苯并噁唑纤维

聚苯并噁唑纤维是目前发展飞快的高强高模合成纤维。在众多的高性能纤维中，PBO 纤维被认为是目前综合性能较好的一种有机纤维。PBO 纤维是材料学家从结构与性能关系出发进行分子设计的产物。

PBO 聚合物分子链由苯环和苯并二噁唑结构组成，其键角（即刚性主链单元上的环外键之间的夹角）均为 180°，且重复单元结构中只存在苯环两侧的两个单键，不能内旋转，所以为刚性棒状分子，能够形成溶致液晶（图 1-8）。PBO 分子结构中无弱键，加之液晶纺丝工艺使得 PBO 纤维中不仅保持了液晶分子良好的取向，而且赋予了纤维一定程度的二维和三维有序性，所以纤维展现出优异的力学性能和耐热等性能。其拉伸强度达 5.8GPa，拉伸模量为 280GPa，断裂伸长率为 2.5%，密度为 $1.56\times10^3kg/m^3$，因此 PBO 纤维具有更高的比强度、比模量。PBO 纤维的另一个优异性能为热性能，其在空气中热分解温度高达 650℃，PBO 纤维的阻燃性、耐溶剂、耐磨性优异。从 PBO 分子链伸展构象的键长、键角、变形力常数计算的纤维理论拉伸模量为 730GPa，而 PBO 纤维的实际拉伸模量仅为 280GPa，这表明人们对 PBO 纤维结构与性能的关系还并没有完全掌握，PBO 纤维的性能还有极大的提高空间。因此，深入研究 PBO 纤维结构与性能的关系，极大发挥 PBO 纤维的优异力学性能，对高聚物纤维和高分子材料的发展具有重大的意义。

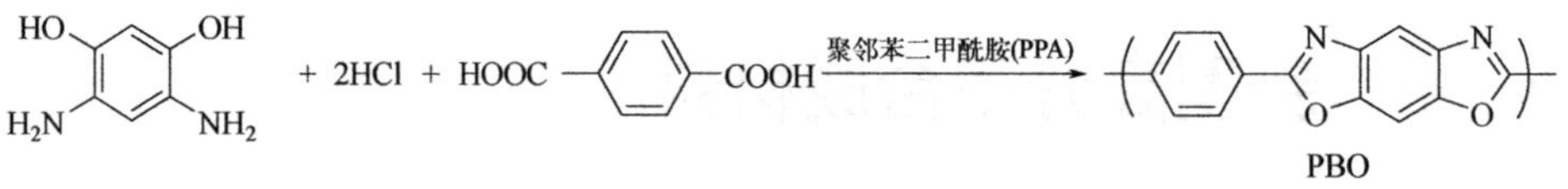

HO OH H_2N NH_2 + 2HCl + HOOC — COOH 聚邻苯二甲酰胺(PPA) → N N O O PBO

图 1-8 PBO 聚合物的合成

PBO 纤维优异的性能使得其在宇航、军工以及其他许多领域中有广阔的应用前景。用 PBO 纤维制造的防弹衣在达到同样防护水平的同时比以往的纤维更轻、更薄；PBO 纤维编织物已用作自行车的赛车服、头盔、公路赛车轮辐、网球拍、帆船比赛用船帆、光缆补强材料、各种绳索、桥墩等加固材料；PBO 纤维毡作为铝锭出炉时的垫材，寿命比以往产品高数倍；PBO 纤维是制作消防服，防火花和高温焊接的作业服、手套、鞋和电线护套的理想材料。

（2）芳香族聚酰胺纤维（芳纶纤维）

凯夫拉（Kevlar）纤维是一种芳纶复合材料，化学成分为聚对苯二甲酰对苯二胺（PPTA）。CBM 纤维是在原 PPTA 的基础上引入对亚苯基苯并咪唑类杂环二胺，经低温缩聚而成的三元共聚芳酰胺体系。Armos 纤维是目前报道的世界上规模化生产的对位芳酰胺纤维中力学性能最好的品种之一，是 Terlon 纤维和 CBM 纤维按一定的比例混合纺丝而得到的一种纤维。

芳纶纤维最突出的特点就是高强度、高模量，又具有密度小、比硬度大、比强度高（相当于钢丝的6～7倍）、耐腐蚀、耐磨损、热稳定性好、低电导、韧性强和抗蠕变等诸多优良特性。另外，芳纶纤维也存在一些不足之处，如溶解性、耐光性较差，横向压缩模量较低，压缩和剪切性能差及易劈裂等，因此，为了充分发挥芳纶纤维优异的力学性能，必须对其进行改性。

1.4.2 耐热树脂

能在250～300℃下长期使用的高分子树脂材料，便是耐热树脂。含有芳杂环结构的聚合物如聚酰亚胺、聚苯并咪唑、聚苯并噁唑、聚噁二唑等，不仅具有很高的耐热性，还具有耐辐射、高强度、耐腐蚀和介电性能优异等特点，可在250～300℃下长期使用，短时可在400℃以上使用。

（1）聚酰亚胺树脂

聚酰亚胺（PI）是一类分子主链上含有酰亚胺环的高分子材料。聚酰亚胺材料具有优异的耐热性、介电性能、黏附性能、耐辐射性能、力学性能以及化学物理稳定性等，而芳香型聚酰亚胺由于其主链上芳环密度大、刚性强，因此具有很高的耐热性，分解温度在450～600℃，玻璃化转变温度一般在250℃以上，有的品种可高达400℃以上，可在200～380℃长期使用。对聚酰亚胺进行改性的目的之一是使其既具有良好的溶解性又能保持其优异的耐热性能。PI树脂熔融温度高，溶解性差，导致其成型加工性能差。目前使用的结构改性方法有在PI分子主链上引入柔性结构单元或引入扭曲的非共平面结构，在侧链上引入大的侧基以及通过共聚引入破坏分子对称性和重复规整度的第二单元结构。

（2）有机硅树脂

有机硅树脂是一类由交替的硅和氧原子组成骨架，不同的有机基团再与硅原子连接的聚合物，因此在有机硅产品的结构中既含有有机基团，又含有无机结构。这种特殊的组成和分子结构使它集有机物的特性与无机物的功能于一身，具有耐高低温和生理惰性等许多优异性能。纯有机硅树脂主要用途之一是用作高温防护涂料。

（3）耐高温环氧树脂

耐高温环氧树脂通常包括三种形式：一是含酰亚氨基环氧树脂；二是利用萘结构的耐热性、耐水性而合成耐热耐水性好、膨胀率低的含萘基环氧树脂；三是利用联苯结构的刚性，合成高强度、高耐热性、低内应力的含联苯基环氧树脂。

第2章

高分子材料合成基础

当前，高分子合成技术不断发展，使得高分子材料的合成更容易实现。在进行高分子材料合成时，要准确掌握高分子的结构与性能，以及高分子材料合成实验的要求，以确保合成的有效性。

2.1 高分子合成技术研究

2.1.1 聚合反应技术

聚合反应的过程中，根据不同的聚合机理和规律，设计适当的合成工艺，可有效控制聚合速率、分子量等重要指标。在此前提下，根据单体性质、聚合物产物特征以及产品加工要求，可选择合适的聚合反应实施方法。根据聚合反应机理和动力学，实施方法以体系组成为基础可划分为连锁聚合和逐步聚合两大类。其中，连锁聚合主要有本体聚合、悬浮聚合、溶液聚合和乳液聚合；逐步聚合主要有熔融缩聚、溶液缩聚、界面缩聚和固相缩聚。

（1）连锁聚合反应的实施方法

连锁聚合反应的特征是整个聚合过程由链引发、链增长、链终止等基元反应组成，对于部分反应，伴随着链转移。聚合反应需要活性中心，活性中心由引发剂（部分单体在光、热或高能辐射直接作用下可产生活性中心）产生，活性中心可以是自由基、阳离子或阴离子，并因活性中心的不同分为自由基聚合、阳离子聚合和阴离子聚合等。在聚合物生产中，自由基聚合产物占总聚合物的60%以上，约占热塑性树脂的80%，在工业上处于领先地位，理论上也较完善。因此，重点介绍自由基聚合的四种实施方法。

① 本体聚合。本体聚合指的是单体在引发剂（或热、光、辐射等）引发下进行的聚合。体系中不加其他介质，对于热引发、光引发或高能辐射引发的体系，仅由单体组成。

在选用本体聚合的引发剂时，除了要从聚合反应本身考虑，还要求与单体有良好的相溶性。由于多数单体是油溶性的，因此多选用油溶性引发剂。如果生成的聚合物和单体互溶，则为均相聚合；反之，则为非均相聚合。本体聚合可以气相、液相或固相进行，大多数属于液相本体聚合。

本体聚合的最大优点是产物纯度高，特别适用于生产板材和型材。其最大不足是容易出现局部过热，严重时会导致聚合反应失控，引起爆聚。在工业生产上，反应热不易排除。随着聚合反应的进行，体系黏度增大，出现自动加速效应，可以采用两段聚合法来控制聚合反应。

② 溶液聚合。单体和引发剂溶于适当的溶剂中的聚合反应，便是溶液聚合。溶液聚合中溶剂的选择主要考虑两方面：一方面是溶解性，包括对引发剂、单体、聚合物的溶解性，以使聚合反应在均相体系中进行，避免凝胶效应；另一方面是溶剂对引发剂不产生诱导分解。

溶液聚合为均相聚合体系，与本体聚合相比最大的好处是溶剂的加入有利于导出聚合热，同时有利于降低体系黏度，减弱凝胶效应。在涂料、黏合剂等领域应用时，聚合液可直接使用而无须分离。但是，溶液聚合在加入溶剂后容易引起诸如诱导分解、链转移之类的副反应，同时溶剂的回收、精制增加了设备及成本，并加大了工艺控制难度；溶剂的加入降低了单体及引发剂的浓度，致使溶液聚合的反应速率比本体聚合要低；溶剂分离回收成本高。因此，工业上溶液聚合多用于聚合物以溶液直接应用的场合，如涂料、胶黏剂以及纤维纺丝等。

③ 悬浮聚合。单体以小液滴状悬浮在分散介质中的聚合反应，便是悬浮聚合。悬浮聚合的优点是散热容易，不足是体系组成复杂，导致产物纯度下降。

悬浮聚合体系主要由单体、油溶性引发剂、水和分散剂组成。其中，单体为油溶性单体，要求在水中有尽可能小的溶解度；引发剂为油溶性引发剂，选择原则与本体聚合相同；分散剂的作用是隔离单体液珠与水之间的作用，有利于单体液珠的分散。水溶性有机高分子和非水溶性无机粉末是常用的两大分散剂。

引发剂溶解于单体中，单体在水中分散成小液珠，聚合反应在小液珠内进行。随着聚合反应的进行，单体小液珠逐渐形成聚合物固体小颗粒。如果聚合物不溶于单体，则为沉淀聚合，产物为粉状固体。在搅拌和悬浮剂的作用下，单体和引发剂得以形成小液珠分散于水中。所以，搅拌速度、分散剂性质和用量是控制产品颗粒大小的主要因素。悬浮聚合产物的粒径一般为 0.01～5mm。对于水溶性单体，可采用反相悬浮聚合，即选用与单体互不相溶的油溶性溶剂作为分散剂，引发剂则选用水溶性引发剂。其实质是水溶性单体分散在油溶性体系中，随后水溶性引发剂引发单体聚合，可用于制备聚合物微球。

④ 乳液聚合。乳液聚合就是单体在水中由乳化剂分散成乳液状态的聚合。乳液聚合体系主要由单体、水溶性引发剂、水溶性乳化剂和水组成。从表面看，乳液聚合与悬浮聚合基本配方相似，但它们具有不同的聚合机理和最终产品。乳液聚合与悬浮聚合的差别主要体现在两个方面：一是乳液聚合选用水溶性引发剂，而悬浮聚合则选用油溶性引发剂；二是乳液聚合中聚合物粒径小，为 0.05～0.15μm，而悬浮聚合所得产物粒径为 0.01～5mm。

乳液聚合的成败，在很大程度上取决于乳化剂。在乳液聚合中，乳化剂的作用有三个：一是降低界面张力，使单体分散成小液滴；二是在单体液滴表面形成带电保护层，阻止凝聚，形成稳定的乳液；三是胶束的增溶作用。另外，乳化剂分子是由疏水的非极性基团和亲水的极性基团两部分组成，能使与水互不相溶的化合物均匀、稳定地分散在水中而不分层，即为乳化。乳化剂具有降低水的表面张力的作用，是表面活性剂。当水中乳化剂浓度很低时，乳化剂以分子状态溶解于水中，在表面处，乳化剂的亲水基团伸向水层，疏水基团伸向空气层。随着乳化剂浓度的增大，水的表面张力急剧下降。当乳化剂达到某一浓度时，继续增大乳化剂浓度，此时水的表面张力变化很小，乳化剂分子开始形成胶束，该浓度称为临界胶束浓度（CMC）。胶束在水中呈球状或棒状，乳化剂分子疏水基团伸向内部，而亲水基团则在水层中。

乳液聚合的一个显著特点是引发剂与单体处于两相，乳化剂形成胶束，对油性单体具有增溶作用。引发剂分解形成的活性中心扩散进增溶胶束而引发单体聚合，因此，聚合反应在胶束内发生。随着聚合反应的进行，单体液滴通过水相扩散，不断向胶束供给单体。因此，在乳液聚合体系中，存在三种粒子，分别为单体液滴、没有发生聚合的胶束以及含有聚合物的胶束（又称为乳胶粒）。乳胶粒的形成过程即为粒子的成核过程。

乳液聚合可同时提高分子量和聚合反应速率，因而适用于一些需要高分子量的聚合物合成，如丁苯橡胶即采用的是乳液聚合。对一些直接使用乳液的聚合物，如涂料、胶黏剂和胶乳等，可采用乳液聚合。

（2）逐步聚合反应的实施方法

① 熔融缩聚。熔融缩聚是指原料单体和生成的聚合物处于熔融状态下的聚合反应过程，相当于本体聚合。由于反应温度高，在缩聚反应中经常发生各种副反应，如环化反应、裂解反应、氧化降解、脱羧反应等。因此，在缩聚反应体系中通常需加入抗氧化剂，且反应在惰性气体保护下进行。由于熔融缩聚的反应温度一般不超过 300℃，因此制备高熔点的耐高温聚合物需采用其他方法。

熔融缩聚可采用间歇法，也可采用连续法。熔融缩聚为均相反应，应用十分广泛。工业上合成涤纶，用酯交换法合成聚碳酸酯、聚酰胺等，采用的都是熔融缩聚。

② 界面缩聚。界面缩聚指的是两种单体溶解在两种互不相溶的

溶剂中时，聚合反应在两相溶液的界面上进行。

界面缩聚具有四个鲜明的特点，具体如下。

一是复相反应，在两相界面处发生聚合反应。

二是反应温度低，由于只在两相的交界处发生反应，因此要求单体有高的反应活性，无须抽真空以除去小分子。

三是反应为扩散控制过程，反应速率主要取决于不同相态中单体向两相界面处的扩散速率，在许多界面缩聚体系中加入相转移催化剂，可使水相（甚至固相）的反应物顺利地转入有机相。

四是分子量对配料比敏感性小，由于界面缩聚是非均相反应，对产物分子量起影响的是反应区域中两单体的配料比，而不是整个两相中的单体浓度。

界面缩聚已广泛用于实验室及小规模合成聚酰胺、聚砜、含磷缩聚物和其他耐高温缩聚物中。

③ 溶液缩聚。溶液缩聚指的是单体、催化剂在溶剂中进行的缩聚反应。对于那些熔融温度高的聚合物，不宜采用熔融聚合方法时，通常采用溶液聚合方法制备。

溶液缩聚中溶剂的作用十分重要：一是有利于热交换，避免了局部过热现象，比熔融缩聚反应缓和、平稳；二是对于平衡反应，溶剂的存在有利于除去小分子，不需要真空系统。另外，必须考虑溶剂的惰性以及其对单体和聚合物的溶解性，避免溶剂参与的副反应发生，要求缩聚在均相体系中完成。

溶液缩聚在工业上的应用规模仅次于熔融缩聚，许多性能优良的工程塑料都是采用溶液缩聚法合成的，如聚芳酰亚胺、聚砜、聚苯醚等。

④ 固相缩聚。固相缩聚指的是在原料（单体及聚合物）熔点或软化点以下进行的缩聚反应。固相缩聚的主要特点为：反应速率低，表观活化能大，往往需要几十个小时反应才能完成；由于为非均相反应，因此是一个扩散控制过程；一般有明显的自催化作用。固相缩聚是在固相化学反应的基础上发展起来的，多数作为其他聚合方法的补充，可制得高分子量、高纯度的聚合物。

固相缩聚在制备高熔点缩聚物、无机缩聚物以及熔点温度以上易分解单体的缩聚（无法采用熔融缩聚）物方面有着其他方法无法比拟的优点。

(3)聚合反应实施方法的选择

在某一具体高分子材料的合成中，对于聚合方法的选择，主要考虑以下几个方面。

① 单体的性质，如油溶性或水溶性、不饱和烯烃或可缩聚的单体等。

② 聚合机理，属于连锁聚合，还是逐步聚合等。

③ 产物的性质和形态、分子量及分子量分布等。

(4)聚合反应技术的新发展

目前，针对聚合反应新方法、新技术的研究在不断发展，典型进展如下。

本体和溶液聚合中，进一步考虑聚合后体系的状态，发展出沉淀聚合、淤浆聚合、分散聚合等聚合技术；悬浮聚合中出现了反相悬浮聚合方法。目前，对于经典乳液聚合方法的研究较为成熟，其机理以及动力学理论较为完善，并发展了诸多新的乳液聚合技术，从而拓宽了乳液聚合应用范围，产品性能更加突出。几种新型乳液聚合技术如下。

① 无皂乳液聚合。无皂乳液聚合即无乳化剂的乳液聚合，在原始聚合体系中不用专门加入乳化剂。这是因为参与形成最终聚合物颗粒的聚合物充当乳化剂。一般采用三种方式实现：一是采用离子型水溶性引发剂；二是主单体与少量水溶性单体共聚，得到两亲性聚合物；三是一些具有典型聚电解质结构的水溶性天然高分子（如多糖、蛋白质等）作为原料，进行乳液聚合。

② 细乳液与微乳液聚合。细乳液聚合是在体系中引入助乳化剂，在亚微单体液滴中引发成核，亚微单体液滴直径为 100～400nm，可用于制备具有互穿聚合物网络（IPN）的胶乳。微乳液聚合液滴粒径为10～100nm，可制备纳米级的聚合物颗粒。其特点是单体用量少，而乳化剂用量较多，同时需要加入其他助乳化剂。微乳液聚合可用于制备多孔材料、药物载体以及包覆无机粒子。

③ 种子（核壳）乳液聚合。先将少量单体引发聚合，形成聚合

物胶乳（种子），随后将胶乳再次加入乳液聚合的配方中，进行第二次乳液聚合，之前形成的胶乳吸附体系中的自由基，在其表面引发单体聚合，形成粒径较大的聚合物颗粒。在第二次聚合反应配方中，如果加入第二种单体，则可得到核壳结构的聚合物颗粒。目前，核壳聚合物的合成技术尚在突飞猛进的发展中。

④ 反相乳液聚合。反相乳液聚合与经典乳液聚合的各相正好相反，采用水溶性单体，油溶性溶剂为反应介质，采用油溶性引发剂，乳化剂则选用油包水（W/O）型，多为离子型乳化剂。反相乳液聚合制备的聚丙烯酰胺（PAM）已用于絮凝剂（水处理）、增稠剂（轻纺）、泥浆处理剂（油田）、补强剂（造纸）等。

⑤ 分散聚合。分散聚合是一种由溶于有机溶剂（或水）的单体通过聚合生成不溶于该溶剂的聚合物，且形成胶态稳定的分散体系的聚合工艺，可用于制备微米级单分散聚合物微球。

目前，对部分高分子材料而言，同一种聚合物产品可采用不同的聚合方法合成，这为生产不同用途、物美价廉的高分子材料或采用环境友好的生产方式奠定了基础。

2.1.2 单体与引发剂及纯化方法

在聚合反应过程中，原材料（单体、引发剂、助剂、溶剂等）的纯度对聚合反应影响巨大，一定量的杂质（或水分）不仅会影响聚合反应速率，改变聚合物的分子量，甚至会导致聚合反应不能进行。在自由基聚合中，单体中往往含有少量阻聚剂，使得反应存在诱导期或聚合速率下降，影响到动力学常数的准确测定。离子聚合对杂质更为敏感。在缩聚反应中，单体的纯度会影响到官能团的实际摩尔比，从而使聚合物分子量可能偏离设定值。因此，在高分子合成实验进行前，必须对参与反应的单体、引发剂、助剂及溶剂进行必要的精制提纯，并保证高纯净度的聚合环境。

（1）单体的纯化精制方法

单体常采用典型有机物纯化精制方法，如萃取洗涤、蒸馏（如常压蒸馏、减压蒸馏、分馏等）、重结晶、色谱分离（包括柱色谱、薄层色谱等）、升华等。针对某一特定单体，其具体纯化精制方法，应根据其来源与可能存在的杂质、将要进行的聚合反应类型综合考虑。单体因来源与杂质的不同，其适应的提纯方法可能不同，而不同聚合反应类型对杂质的提纯及纯化程度的要求也各有不同。如自由基聚合和离子聚合对单体的纯化要求就有所区别，即使同样是自由基聚合，活性自由基聚合对单体的纯化要求就比一般的自由基聚合高得多。

对聚合单体而言，所含的杂质主要来源于阻聚剂，其可防止单体在储存、运输过程中发生聚合反应，通常为醌、酚类，还有胺、硝基化合物、亚硝基化合物、金属化合物等；还有单体制备过程中的副产物，即储存过程中发生氧化或分解反应而产生的杂质，如苯乙烯中的乙苯、苯乙醛，乙酸乙烯酯中的乙醛等；另外，还有单体在储存和处理过程中引入的其他杂质，如从储存容器中带入的微量金属或碱，磨口接头上所涂的油脂等。

要想除去单体中的杂质，可以运用以下几种方法。

① 酸性杂质（阻聚剂对苯二酚、2,6-二叔丁基苯酚等）可用稀 NaOH 溶液洗涤除去；碱性杂质（如阻聚剂苯胺）可用稀 HCl 洗涤除去；芳香族杂质可用硝化试剂除去；杂环化合物可用硫酸洗涤除去。注意：苯乙烯不能用浓硫酸洗涤。

② 单体的脱水干燥，一般情况下可用无水 $MgSO_4$、无水 Na_2SO_4、变色硅胶等干燥剂，严格要求时使用特定除水剂。离子型聚合对单体的要求十分严格，在进行正常的纯化过程后，需要彻底除水和其他杂质。例如，进行丙烯酸酯的阴离子聚合时，还需要在 $AlEt_3$ 存在下进行减压蒸馏。

③ 采用蒸馏、减压蒸馏法除去单体中的难挥发杂质，如烯类单体的自发聚合产物。在蒸馏时，为防止单体聚合，可加入挥发性小的阻聚剂，如铜盐或铜屑等。同时，为防止发生氧化，蒸馏最好在惰性气体保护下进行。对于沸点较高的单体，为防止热聚合，应采用减压蒸馏。

（2）引发剂精制

连锁聚合反应引发剂（催化剂）种类较多，其中自由基聚合引发剂主要是过氧类化合物、偶氮类化合物和氧化还原体系，阴离子聚合引发剂主要是碱金属和有机金属化合物等，阳离子聚合引发剂包括质子酸和 Lewis 酸等。一般情况下，自由基聚合时，新购的引发剂可以直接使用，对于离子聚合、基团转移聚合等引发剂往往是现制现用。

① 偶氮二异丁腈（AIBN）。在装有回流冷凝管的锥形瓶（250mL）中加入 100mL 95%乙醇，于水浴中加热到接近沸腾，迅速加入 10gAIBN，振荡使其全部溶解（煮沸时间不宜过长，若过长，则分解严重）。然后将热溶液迅速抽滤（过滤所用漏斗和吸滤瓶必须预热），滤液冷却后得到白色结晶，在真空干燥器中干燥。测定熔点，产品于棕色瓶中低温保存。

② 过氧化苯甲酰（BPO）。室温下，慢慢搅拌，将 5g BPO 溶于尽量少的氯仿中（约 20mL），用纱布过滤乳白色溶液，滤液直接滴入 50mL 甲醇（提前用冰盐浴冷却）中，并静置 30min。所得白色针状晶体用布氏漏斗抽滤，并用冷却的甲醇洗三次（每次 5mL），抽干。真空干燥，产品保存于棕色瓶中。注意：由于温度过高易爆炸，因此操作温度要低。

③ 过硫酸钾和过硫酸铵。二者为水溶性引发剂，其中，过硫酸钾是以过硫酸铵溶液与 KOH 或 K_2CO_3 溶液为原料制得。精制方法：将过硫酸盐在 40℃水中溶解并过滤（滤液用冰水冷却），过滤出结晶，并以冰冷的水洗涤，用 $BaCl_2$ 溶液检验滤液至无 SO_4^{2-} 为止，将白色柱状及板状结晶置于真空干燥箱中干燥。在纯净干燥状态下，过硫酸钾能保持很久，但有湿气时，则逐渐分解出氧。

④ 三氟化硼-乙醚配合物。该配合物为无色透明液体，1.33kPa 下沸点为 46℃，接触空气易被氧化，使颜色变深。可用减压蒸馏精制：在 500mL 商品三氟化硼-乙醚液中加入 10mL 乙醚和 2g 氢化钙，减压蒸馏。

⑤ 萘锂引发剂。萘锂引发剂是一种用于阴离子聚合的引发剂，一般是合成后直接使用。其制备方法：在高纯氮保护下，向干净干燥的反应瓶（250mL）中加入 1.5g 切成小粒的金属锂（Li）、15g 萘（分析纯）、50mL 精制的四氢呋喃（THF）。将反应瓶放入冷水浴，搅拌开始反应，溶液逐渐变为绿色、暗绿色，反应 2h 后结束，取样分析浓度，高纯氮保护，冰箱中保存备用。

2.1.3 聚合物的分离纯化方法

单体通过聚合反应可合成预期的高分子，除本体聚合反应能得到较为纯净的聚合物之外，其他聚合产物中还有可能含有大量小分子杂质（如引发剂、溶剂、分散剂、乳化剂以及未反应的单体等）。当通过共聚反应合成高分子时，除得到预期的共聚物外，还会生成均聚产物。聚合物的纯化是指除去其中的杂质，对于不同聚合物而言，杂质可以是未反应的小分子化合物及残留的催化剂，可以是化学组成相同的异构聚合物，也可以是原料聚合物（如接枝共聚物中的均聚物）。因此，要根据用途，对制备的聚合物进行相应的分离纯化。

① 溶解沉淀法。将聚合物溶解于适量良溶剂中，然后加入沉淀剂中，使聚合物缓慢地沉淀出来，便是溶解沉淀法。其中，良溶剂和沉淀剂是互溶的。溶解沉淀法是纯化聚合物最原始的方法，也是应用最为广泛的方法。

对于自制的全新聚合物，沉淀剂乃至良溶剂是未知的。可以根据自制聚合物的结构，参阅结构相似聚合物的溶解性质，从非极性到极性排序，选择不同溶剂，测试它们对聚合物的溶解能力。一般情况下，聚合物是溶液时，可通过如下方法筛选沉淀剂：选择样品瓶（1～5mL）作为容器，加入 0.5～2mL 溶剂。缓慢滴加聚合物溶液数滴，观察液体是否变浑浊，然后振摇使混合液均匀，静置片刻后观察瓶底沉积情况。若滴加聚合物溶液时浑浊度较高，静置沉淀后沉积量较大，沉积物粘连程度较小，所选溶剂就是较好的沉淀剂。沉淀剂的用量一般是良溶剂体积的 5～10 倍，聚合物溶液的滴加速率以溶液液滴在沉淀剂中能够及时散开为宜。

需要注意的是，聚合物的溶解性质有很强的分子量依赖性，分子量越小，聚合物沉淀剂的选择越困难。例如，乙醛被认为是聚苯乙烯的不良溶剂，但是当聚苯乙烯的分子量≤1 万时，可以溶解于乙醛中。聚合物的溶解性质也有温度依赖性。

沉淀物的收集可采取过滤、离心的方法。聚合物中残留的溶剂可以采用旋转蒸发及真空干燥的方法去除。

② 破乳与透析。聚合物胶乳（即乳液聚合产物）中除聚合物以外，更多的是溶剂水和乳化剂。要想得到纯净的聚合物，首先要破乳（向胶乳中加入电解质、有机溶剂或其他物质，破坏胶乳的稳定性，从而使聚合物凝聚），将聚合物与水分离开。破乳以后，需要用可溶解乳化剂但是不溶解聚合物的溶剂洗涤，除去聚合物中残留的乳化剂，进一步纯化可采用溶解-沉淀法。

在某些情况下，只需将聚合物胶乳中的乳化剂和无机盐等小分子化合物除去，这时可用透析法（半渗透膜制成的渗析袋）进行纯化，但是耗时较长。

③ 洗涤法与抽提法。用聚合物不良溶剂反复洗涤产品，通过溶解除去其中的小分子化合物、低聚物（或均聚物）等杂质，这种洗涤方法是最为简单的纯化方法。常用的溶剂有水和乙醇等廉价溶剂。对于颗粒很小的聚合物，因为其表面积大，洗涤效果较好。但是对于颗粒大的聚合物，则难以除去颗粒内部的杂质。

用离心法收集沉淀时，操作为离心、倾出澄清液、加入不良溶剂、振荡混合均匀、再离心，反复进行上述操作，达到洗涤纯化效果。

抽提法是纯化聚合物的重要方法，一般在索式抽提器（脂肪提取器）中进行。其基本原理与洗涤法相同，是用溶剂萃取出聚合物中的可溶性部分（包括可溶性聚合物），达到分离和提纯的目的。抽提法主要用于聚合物之间的分离，不溶性的聚合物以固体形式留在抽提器中，可溶性聚合物保留在烧瓶的溶液中，除去溶剂并经纯化后即得纯净的可溶性组分。

④ 色谱法。对于溶解度相近的聚合物共混物（同分异构体、聚合度相近的聚合物）之间的分离纯化可用色谱法。色谱法还广泛用于鉴定产物的纯度，跟踪反应，以及对产物进行定性和定量分析。色谱法的基本原理是利用混合物中各组分在固定相和流动相中分配平衡常数的差异，当流动相流经固定相时，由于固定相对各组分的吸附或溶解能力不同，吸附力较弱或溶解度较小的组分在固定相中移动速度快，在反复多次平衡过程中使各组分在固定相中形成了分离的“色带”，从而得到了分离。

⑤ 旋转蒸发法。旋转蒸发法是快速方便的浓缩溶液、蒸出溶剂

的方法，要在旋转蒸发仪上完成。采用减压旋转蒸发仪，可在较低温度下使溶剂旋转蒸发。旋转蒸发法一般用于溶剂量较少的溶液浓缩和溶剂分离。在将溶剂完全蒸出时要注意加热水浴的温度不可过高，防止其中产品变性或氧化。进行旋转蒸发时，梨形烧瓶中液体量不宜过多，为烧瓶体积的1/3即可。

⑥ 分级分离法。高分子的多分散性是聚合物的基本特征之一。目前，可选择活性聚合的方法制备出分散系数接近于1的聚合物，但对于大部分聚合物体系来说，要想获得窄分布的聚合物，就要用分级分离的方法。聚合物分级常用如下三种方法。

a．沉淀分级。在一定的温度下，向聚合物溶液（浓度：0.1%～1%）中缓慢加入一定量的沉淀剂，直到溶液浑浊不再消失，静置一段时间后即等温地沉淀出较高分子量的聚合物。采用超速离心法将沉淀出的聚合物分离出去，其余的聚合物溶液中再次补加沉淀剂，重复操作即可得到不同级分的聚合物。沉淀分级是较简单的分级方法，其缺点是需用很稀的溶液，而且使沉淀相析出是相当耗时的。

b．柱状淋洗分级。该方法是在惰性载体（如玻璃珠、二氧化硅等）上沉淀聚合物样品，用一系列溶解能力依次增加的萃取剂逐步萃取。萃取剂一般从100%非溶剂变化到100%溶剂。液体溶剂混合物在氮气的压力下通过柱子，把聚合物分子洗脱走，按级分收集聚合物溶液。

c．制备凝胶色谱。该方法是基于多孔性凝胶粒子中不同大小的空间可以容纳不同大小的溶质（聚合物）分子，从而分离聚合物分子。其目的不同于分析凝胶色谱，而是为了得到不同级分的聚合物。以交联的有机物或无机硅胶作为填料，将聚合物溶液注入色谱柱，用同一溶剂淋洗，溶剂分子与小于凝胶微孔的高分子就扩散到凝胶微孔里去。较大的高分子不能渗入而首先被溶剂淋洗到柱外。凝胶色谱分级的效率不仅依赖于所用填料的类型，还取决于色谱柱的尺寸。

2.1.4 聚合物的干燥方法

将聚合物中残留的溶剂（水、有机溶剂）除去的过程，便是聚合物的干燥。典型干燥方法有以下几种。

（1）自然风干

用空气干燥时，将样品放置在通风橱内一段时间就可自然风干，但需覆盖滤纸等透气性膜，避免落入灰尘。

（2）烘烤

将样品置于红外灯下烘烤，以除去水等溶剂。该方法适合少量样品的干燥，缺点是会因温度过高导致样品氧化。有机溶剂较多时不宜采用该方法。

（3）烘干

将样品置于烘箱内烘干，要注意烘干温度和时间的选择，温度过高同样会造成聚合物的氧化甚至裂解，温度过低则所需烘干时间太长。

（4）真空干燥

将聚合物样品置于真空烘箱密闭的干燥室内，加热到适当温度并减压，能够快速、有效地除去残留溶剂。可在盛放聚合物的容器上加盖滤纸或铝箔，并用针扎一些小孔，以利于溶剂挥发，并避免粉末样品被吹散。

准备真空干燥之前，要注意聚合物样品所含的溶剂量不可太多，否则会腐蚀烘箱，也会污染真空泵。溶剂量多时可用旋转蒸发法浓缩，也可以在通风橱内自然干燥一段时间，待大量溶剂除去后再置于真空烘箱内干燥。还要在真空烘箱与真空泵之间连接干燥塔，以保护真空泵，真空烘箱在使用完毕后也应注意及时清理，减少腐蚀。在真空干燥时，容易挥发的溶剂可以使用水泵减压，难挥发的溶剂使用油泵。一些需要特别干燥的样品在恢复常压时可以通入高纯惰性气体，以避免水汽的进入。

（5）冷冻干燥

冷冻干燥是在低温高真空下进行的减压干燥，适用于有生物活性的聚合物样品和水溶性聚合物的干燥，以及需要固定、保留某种状态下聚合物结构形态的样品的干燥。在进行冷冻干燥前一般都将样品事先放入冰箱，于−30～−20℃下冷冻，再置于已处于低温的冷冻干燥机中快速减压干燥。干燥后应及时清理冷冻干燥机，避免溶剂对其的腐蚀。由于溶剂容易被吸附到真空泵油，所以需定期更换真空泵油。

2.2 高分子结构

高分子结构是高分子材料物理和化学性能的基础，对于了解聚合物的微观、亚微观，直到宏观的不同结构层次的形态和聚集态是必不可少的。高分子的结构按其研究单元不同分为链结构和聚集态结构两大类。

2.2.1 链结构

链结构是指单个分子的结构和形态，即分子内结构。分子内结构又包含两个层次：近程结构和远程结构。近程结构是指单个大分子链结构单元的化学结构和立体化学结构，是反映高分子各种特性的最主要结构层次，直接影响高分子的熔点、密度、溶解性、黏度、黏附性等许多性能。远程结构是指分子的大小（分子量）与构象。

（1）高分子链结构单元的键接顺序

高分子链各结构单元相互连接的方式，便是键接顺序。在两种单体之间进行缩聚时，结构单元的键接方式一般不会有太多形式。例如，聚酰胺结构单元的键接顺序只能是氨基与羧基的结合。但在加聚过程中，即使只有一种单体存在，键接顺序也有所不同。两种或两种以上单体发生聚合时，得到的共聚物可能具有多种键接方式。不同键接方式的聚合物具有不同的性能，可以用核磁共振谱表征键接方式。

（2）均聚物结构单元的键接顺序

在合成高分子时，由一种单体发生聚合反应生成的聚合物称为均聚物。在加聚反应中，如果参加反应的是结构完全对称的单体，如乙烯、四氟乙烯等，则只有一种键接方式。如果参加反应的是具有不对称取代结构的单体（如氯乙烯），把带取代基的碳原子叫作头，不带取代基的碳原子称作尾，则形成高分子链时就可能有三种不同的键接顺序：头-头键接、尾-尾键接和头-尾键接。在烯类单体参加的加成聚合中，聚合物分子大多数是头-尾键接，但也存在少量头-头键接或尾-

尾键接的聚合物分子。像聚氟乙烯等聚合物，分子链中头-头键接有较高的比例。

（3）高分子链的柔性

高分子的主链虽然很长，但通常并不是伸直的，它可以卷曲起来，产生各种构象。高分子链通过热运动自发改变自身构象的性质称为柔性。能够在各个层次上自由运动，获得最多构象数的高分子链称为完全柔性链；只有一种伸直状态的构象，不能改变成其他构象形式的高分子链则称为完全刚性链。实际上，绝大多数高分子链介于这两种极端状态之间。高分子链的柔性是决定高分子材料许多性质不同于小分子物质的主要原因。

2.2.2 聚集态结构

聚集态结构是指高分子材料整体的内部结构，包括以下几种。

（1）高分子的晶态结构

大量实验证明，只要高分子链本身具有必要的规整结构，并给予适宜的条件，高分子链就可以凝聚在一起形成晶体。高分子的结晶能力与高分子链的规整度有着密切的关系，链的规整度越高，结晶能力越强。高分子链可以从熔体中结晶，从玻璃体中结晶，也可以从溶液中结晶。与一般小分子晶体相比，高聚物的晶体具有不完善、无完全确定的熔点及结晶速度较快等特点。X 射线衍射和色谱证实，一般结晶高聚物都是部分结晶或半结晶的多晶体。

（2）高分子的非晶态结构

非晶态结构是一种重要的凝聚态结构，其分子链不具备三维有序结构，可以是玻璃态、高弹态及结晶高分子中非晶区的结构。非晶态结构是高聚物中普遍存在的结构。

（3）高分子的液晶态结构

液晶态是指一种介于液态和晶态之间的中间状态，它既具有液态物质的流动性，又保持着晶态物质分子的有序排列，是一种兼有晶体和液体部分性质的过渡状态，处于这种状态下的物质称为液晶，液晶在物理性质上呈现各向异性。

一般而言，形成液晶的分子应满足以下三个基本的条件：一是分子具有刚性结构，呈棒状或近似棒状的构象，这样的结构部分称为液晶基元；二是分子之间要有适当大小的作用力以维持分子的有序排列，通常分子中含有对位亚苯基、强极性基团和高度可极化基团或氢键；三是液晶的流动性要求分子结构上必须含有一定的柔性部分，如烷烃链等。

（4）高分子的取向态结构

取向是指大分子在外力作用下择优排列的过程，包括高分子链、链段以及结晶高聚物的晶片、晶带沿外力作用方向择优排列。取向态与结晶态虽然都是有序结构，但有序程度是不同的，结晶态是三维有序，而取向态是一维或二维有序。

（5）高分子的织态结构

不同聚合物之间或聚合物与其他成分之间的堆砌排列结构，便是织态结构。两种或两种以上高分子的混合物称为共混高分子，共混高分子可以用两类方法来制备：一类称为物理共混，包括机械共混、溶液浇铸共混、乳液共混等；另一类称为化学共混，包括接枝共聚物、嵌段共聚物、互穿网络聚合物等。

高分子的织态结构取决于组分间的相容性，若两组分完全相容，则形成微观上的均相体系，这种结构的材料显示不出预期的某些特性来；若两组分完全不相容，则形成宏观非均相体系，这种结构的材料性能较差，没有实用价值；若两组分半相容，则形成微观或亚微观非均相体系，这种结构材料呈现某些突出的（常超过两种组分）优异性能，正是人们所期望的材料，具有很大的实用价值。

2.3 高分子性能

2.3.1 高分子的热性能

高分子材料与热或温度相关的性能总和，便是高分子的热性能。

它包括诸多方面，如各种力学性能的温度效应、玻璃化转变、黏流转变、熔融转变、热稳定性、热膨胀和热传导等，是高分子材料的重要性质之一。聚合物大部分的实际应用（如成型、加工）是利用高分子独特的热性能来进行的。很多实验主要通过测试材料的热导率、比热容、热膨胀系数、耐热性、耐燃性、分解温度等来评价高分子材料的热性能。测试仪器有高低温热导率测定仪、差示扫描量热仪、量热计、线膨胀和体膨胀系数测定仪、马丁耐热试验仪和微卡耐热仪、热失重分析仪、硅碳耐燃烧试验机等。而一些热性能可以通过简单的仪器进行测试，如熔点仪、高温热台和显微镜热台等，通过这些仪器用数毫克的样品，在较短时间内可以得到如下热信息。

（1）热塑性/热固性

利用上述方法可以很快区分热塑性和热固性的差异，在不降解的前提下，热塑性聚合物可以被反复加热和冷却，而不影响流动性和塑性，热固性聚合物则很快固化成为不可塑化的物质。

（2）软化温度

用工具将很少量的样品放置于程序控温热台上，就可以直接对聚合物的软化温度和范围、熔融性、黏性、弹性等性质做出较好评价。

（3）热稳定性

聚合物在升温过程中出现变黑、气体逸出、变脆、流动性不可逆地增加或降低，就是热不稳定的证据，但要和热固性反应区别开来。热降解的起始温度可以对聚合物的加工和使用温度上限的选择起指导作用。

（4）光学性质

除观察表明发生了降解或存在杂质的颜色变化外，对材料的透明性或不透明性也应做出评价。

（5）黏结性质

用干净的玻璃棒蘸少量熔融的聚合物，冷却后，观察聚合物从玻璃棒除去的难易，可直接获得样品黏结性能的信息。

（6）重要物理参数

包括材料的玻璃化转变温度、熔点、结晶温度等数据，可通过差示扫描量热仪（DSC）分析得到。

（7）可燃性和阻燃性

有机高分子基本上都是可燃物，但聚合物的可燃性能差异很大，包括易燃、缓慢燃烧、阻燃、自熄，程度不等。物质的燃烧性能常用氧指数（OI）来评价。其测定方法是将聚合物试样直接放在一个玻璃管内，上方缓慢通过氧、氮混合气流，氧、氮比例可以调节。能够保证稳定燃烧的最低氧含量定义为氧指数。氧指数越高，表明材料越难燃烧，借此可以评价聚合物燃烧的难易程度和阻燃剂的效率。

2.3.2 高分子的稳定性及抗老化性

高分子材料在使用过程中，受到光、热、氧、水分等环境因素影响，以及 pH 值、电场、应力等的作用，性能会逐渐下降直至失效，这种现象称为老化。在老化过程中，高分子材料的化学组成、链结构和聚集态结构都有可能发生变化，能直接体现变化的性能主要有质量、黏度、溶解度、色泽、熔点、脆性、伸长率等。因此，可以通过测量这些基本数据来评价聚合物的稳定性以及抗老化性。抗热老化性能和抗自然老化性能实验可以采用热老化箱和模拟自然的人工气候老化箱等测量，可将一定量的样品制成薄膜或薄片进行测试。

（1）化学稳定性

聚合物在化学试剂中的稳定性可以通过将样品浸入冷水、沸水、10%乙酸、氯化钠、硫酸、氢氧化钠、有机溶剂等溶液中浸泡至预定时间，检测样品质量、柔韧性变化的方法来进行。

（2）环境稳定性

聚合物暴露在外界环境（如阳光、潮湿、雨天等条件）下的稳定性可以在实际情况下精确测定，也可以采取一定的模拟外界环境的手段对材料的环境稳定性进行快速实验，但结果会与外界实际环境有所差异。通过简单分析可对聚合物由于外界气候和紫外线引起的颜色、光泽及相关力学性能（如拉伸强度、伸长率）变化进行判断。

（3）热稳定性

高分子材料的热稳定性可以通过高温炉在一定的气氛和温度下进行分析，可以检测样品的质量、溶解性变化以及颜色的变化。

同时，几乎所有的聚合物仪器分析方法都可以用于研究高分子材料的老化过程。一般用傅里叶变换红外光谱仪（FT-IR）表征材料老化过程中化学结构的变化，从而了解老化过程中发生的化学反应；用气相色谱-质谱联用仪（GC-MS）或裂解气相色谱-质谱联用仪（PGC-MS）表征可挥发性降解产物；用凝胶渗透色谱仪（GPC）表征分子量及其分布的变化，来了解分子链的断裂机制和断裂的程度；用扫描电子显微镜（SEM）或偏光显微镜观察材料形貌的变化；用DSC测定材料结晶形态的变化等。需注意：在高分子材料稳定性及老化降解研究中，各种分析方法都只是从一个或几个侧面来反映材料发生的变化，只有对不同方法得到的结果进行综合分析，才能得到材料性质的全貌。

2.3.3 高分子的力学性能

高分子的力学性能是决定高分子材料合理使用的主要因素，对时间和温度都表现出依赖性。由于材料在其加工成型过程中不可避免地引入一些缺陷（如微裂纹、孔穴、内应力和杂质等），在一定的应力环境作用下，这些缺陷处将产生不同程度的应力集中，这种应力集中效应首先破坏整体材料的受力及其响应的均匀性，其次是材料在较低应力的作用下有可能在缺陷处引发脆性断裂。因此，高分子材料的力学性能测试对于工程结构材料的设计和选材尤为关键。

聚合物的力学性能测试包括断裂力学、线弹性断裂力学、断裂韧性的测试，韧性-脆性断裂行为转变，结构松弛对断裂行为的影响，冲击破坏行为以及共混高聚物的界面强度的研究等。这些性能可以根据需要选择相应的黏弹谱仪、电子拉力机和冲击试验机等测试获得。

2.3.4 高分子的电性能

高分子的电性能包括介电性能和导电性能两个方面。其中，介电性能的指标有介电常数、介电损耗、介电强度等。聚合物在外电场的作用下，由于分子极化引起电能的贮存和损耗的性能叫介电性，一般情况下只有极性聚合物才有明显的介电损耗。导电性能的指标是电阻率，用于表征材料的导电性，聚合物的体积电阻率越高，其绝缘性越好。在各种电工材料中，聚合物是电阻率非常高的绝缘材料。在聚合物中掺杂导电载流子可以制成高性能导电聚合物。

此外，聚合物的高电阻率使得它有可能积累大量的静电荷，比如聚丙烯腈纤维因摩擦可产生高达1500V的静电压。一般聚合物可以通过体积传导、表面传导等来消除静电。目前工业上广泛采用添加抗静电剂来提高聚合物的表面导电性。

2.3.5 高分子的光性能

聚合物的折射率是由其分子的电子结构因辐射的光电场作用而发生形变的程度所决定的，聚合物的折射率一般都在1.5左右。

大多数透明性聚合物不吸收可见光谱范围内的辐射，当其不含结晶、杂质时都是透明的，如有机玻璃（PMMA）、聚苯乙烯等。但是由于材料内部结构的不均匀性而造成光的散射，加上光的反射和吸收，使其透明度降低。

2.3.6 高分子的高弹性能

高弹性是高分子材料极其重要的性能，其中橡胶是以高弹性作为主要特征。聚合物在高弹态都能表现一定程度的高弹性，但并非都可以作为橡胶材料使用。作为橡胶材料必须具有以下特点：弹性模量小，形变大，一般材料的形变量最大为1%左右。而橡胶的高弹形变很大，可以拉伸5～10倍，弹性模量只有一般固体材料的万分之一左右；弹性模量与热力学温度成正比，一般材料的模量随温度的提高而下降；形变时有热效应，伸长时放热，回缩时吸热；在一定条件下，高弹形变表现明显的松弛现象。高弹形变的特点是由高弹形变的本质所决定的。

第3章

高分子材料合成基本实验

高分子材料合成实验有很多，本章主要阐述了连锁聚合反应实验、逐步聚合反应实验和高分子反应与组装实验。

3.1 连锁聚合反应实验

3.1.1 甲基丙烯酸甲酯本体聚合制备有机玻璃板实验

（1）实验目的

① 学习单体精制的方法；熟悉减压蒸馏的操作。

② 认识烯类单体本体聚合的原理与方法；学习有机玻璃板的合成技术。

③ 了解聚甲基丙烯酸甲酯树脂的性质与用途。

（2）实验原理与相关知识

单体（无溶剂）仅在少量的引发剂（或热、光、辐照）作用下进行的聚合反应，便是本体聚合。其具有产品纯度高和后处理简单等优点。由于烯类单体的聚合热很大，聚合产物又是热的不良导体。因此，本体聚合中要严格控制聚合速率，使聚合热能及时导出，以免造成爆聚、局部过热、产物分解变色和产生气泡等问题。

以甲基丙烯酸甲酯（MMA）为单体制备的聚甲基丙烯酸甲酯（PMMA）树脂是无毒环保的材料，具有良好的化学稳定性、加工性能、耐候性和电绝缘性能。MMA 也能与其他乙烯基单体共聚得到不同性质的产品，用于制造有机玻璃、齿科材料、涂料、胶黏剂、树脂、各类助剂和绝缘灌注浆材料等。本体聚合所制备的 PMMA 有机玻璃板透明性与玻璃接近（板厚为 3mm 的不同高分子材料的光线透过率 PMMA 为 92%，PS 为 90%，硬质 PVC 为 80%～88%，聚酯类为 65%，脲醛树脂为 65%，玻璃为 91%），其耐冲击强度为玻璃的 15 倍。

在本体聚合中，常用的一种工艺形式是铸板聚合，这是生产有机玻璃板的方法。其过程是先在较高温度下使单体预聚合，制得黏度约为 1Pa·s 的聚合物/单体溶液，然后将此聚合物/单体溶液灌入板式模具中，在较低温度下使聚合进行完全。预聚合的好处是可以减少聚合时的体积收缩，因 MMA 单体变成聚合物体积要缩小 20%～22%，通过预聚合可使体积收缩率有效减小。此外，具有一定黏度的预聚体可以减少灌模的渗透损失。

本实验在引发剂存在下，通过自由基本体聚合（铸板聚合）制备有机玻璃板，反应如图 3-1 所示。

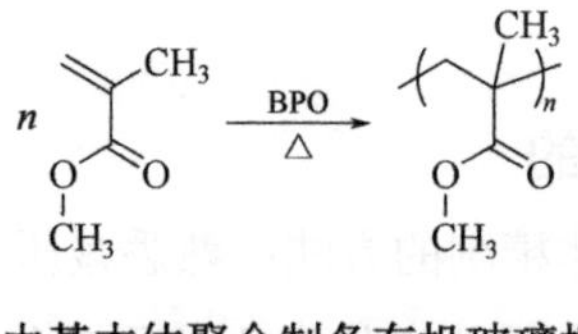

图 3-1　通过自由基本体聚合制备有机玻璃板的反应示意图

为防止聚合，商品 MMA 在运输与储藏时常添加阻聚剂（如对苯二酚、醌、氧、对叔丁基邻苯二酚等），反应前需精制。精制后的单体因活性较高，应尽快使用，或置于暗处或低温下保存。若储存过久，可能部分发生聚合，使用前需再次精制。

（3）试剂与仪器

本实验用到的试剂有：甲基丙烯酸甲酯（MMA）、过氧化苯甲酰（BPO）、5%NaOH，20%NaCl、无水硫酸钠、蒸馏水。

本实验用到的仪器有：锥形瓶（500mL）、天平、分液漏斗、减压蒸馏装置、有色玻璃瓶、烧杯（250mL）、加热搅拌器（搅拌子）、回流冷凝管、温度计（200℃）、水浴加热装置、玻璃板（10cm×15cm）、软质塑料管（3mm）（或橡胶管）、橡胶圈、玻璃纸、弹簧夹（或螺旋夹、透明胶带）、模具底板（可选用风景照或画片）。

（4）实验步骤

① 甲基丙烯酸甲酯的纯化

a．取MMA 150mL，以5%NaOH水溶液15mL、20%NaCl溶液15mL，反复萃取洗涤，直至萃取液无色为止。上层MMA中加入无水硫酸钠约20g（最好能经过一夜脱水干燥），吸收单体中的水分。

b．干燥后的MMA单体，通过减压蒸馏精制（图3-2），压力控制在160mmHg（1mmHg=133.3224Pa）左右（相应沸点46℃），并通入少量氮气以增加搅拌效果。然后再慢慢升温，先收集低沸点之前馏分。蒸馏完毕后（先把温度降至常温再调整压力至常压），将单体装入褐色玻璃瓶中，置于暗处或低温下保存。

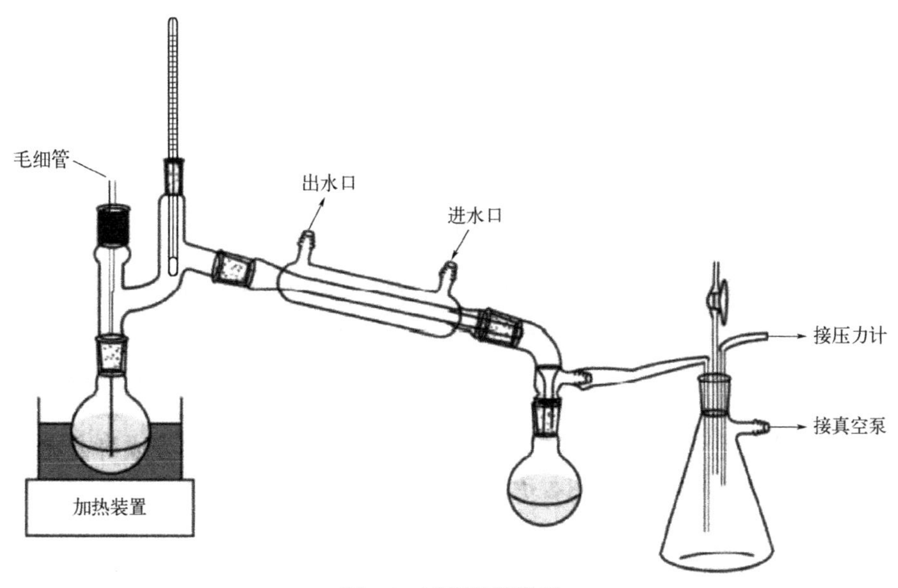

图3-2 减压蒸馏装置

② 铸板聚合制备有机玻璃板

a. 制模。将两块玻璃板以软质塑料管（聚乙烯管）做成框，再以弹簧夹固定成 3mm 厚，然后固定（注意粘牢，以防渗漏）即得铸板聚合模具（图 3-3）。

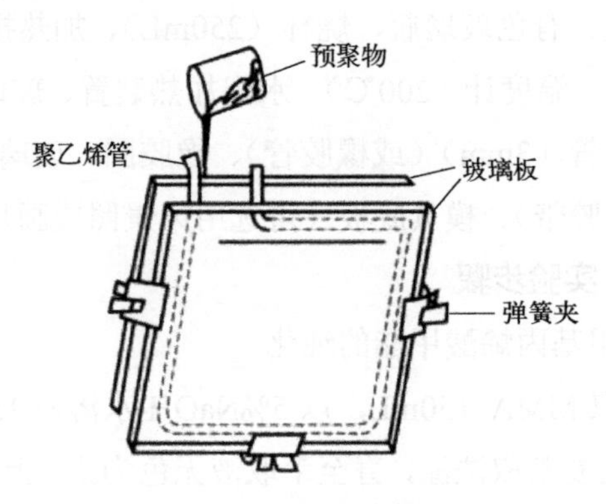

图 3-3 铸板聚合模具

b. 预聚制浆。在干净、干燥的锥形瓶内，加入精制后的 100mL MMA（单体）和 0.5g 过氧化苯甲酰（引发剂）。为防止预聚时水汽进入锥形瓶内，可在瓶口包上一层玻璃纸，再用橡皮圈扎紧。在 80～90℃水浴中开始加热并搅拌（必要时，在聚合过程中通入氮气）。注意观察体系黏度变化（溶液黏度随着聚合进行逐渐增大），约 1h 后瓶内预聚物黏度与甘油黏度相近时立即停止加热，并用冷水使预聚物冷却至室温，可得 20%～30%的预聚物浆液（若预聚物浆液黏度太高时，则注入会发生困难，此时可添加单体稀释。必要时，将此预聚物浆液保存于 5℃以下的暗处）。

c. 灌浆。将上述预聚物浆液灌入模具中（可借助玻璃纸折叠的漏斗完成此步操作），避免有气泡产生。不要全灌满，稍留一点空间，以免预聚物受热膨胀而溢出模具，用玻璃纸将模口封住。

d. 聚合。将注入口朝上，将此框垂悬于水浴中，在 50℃下加热 6h（或者放置在 40℃烘箱中，继续使单体聚合 24h 以上），再于 100℃下加热 2h。

e. 脱模。将模具与聚合物一起逐渐冷却至室温，打开模具可得一块透明有机玻璃。

（5）实验数据记录

实验名称：甲基丙烯酸甲酯本体聚合制备有机玻璃板

姓名：______　班级组别：______　同组实验者：________

实验日期：____年___月___日　室温：____℃　湿度：______　评分：____

（一）甲基丙烯酸甲酯的纯化

MMA：____g　5%NaOH水溶液：____mL　20%NaCl水溶液：____mL

减压蒸馏时，压力：____mmHg　温度：____℃　是否通N_2：____

（二）预聚制浆

MMA：____g　BPO：____g　聚合温度：____℃　聚合时间：____h

预聚物浆液量：____g

（三）有机玻璃板的制造

预聚物浆液注入量：____g　100℃水浴加热：____h　50℃水浴加热：____h

产量：____g

（6）问题与讨论

① 查阅MSDS了解MMA、BPO、PMMA等的物理参数、材料安全数据。查阅文献，总结有机玻璃板的用途。

② 如何从单体中分离对苯二酚？抑制剂的作用机理是什么？为何要使用有色玻璃瓶装单体？

③ 萃取时单体在上层还是下层？在减压蒸馏操作时应注意什么？

④ 为什么制备有机玻璃板时选择BPO为引发剂，而不选用AIBN？试述BPO的用量与硬化时间的关系。

⑤ 为什么要进行预聚合？预聚体注入模板中时，为什么要低温聚合？后期聚合在高温下进行，目的是什么？

⑥ 如何防止制得的有机玻璃板中留有气泡？

3.1.2 悬浮聚合制备聚苯乙烯大孔树脂实验

（1）实验目的

① 掌握悬浮聚合的实施方法；了解自由基悬浮聚合的机理和配

方中各组分的作用。

② 认识悬浮聚合中控制聚合物颗粒均匀性和大小的有效方法。

（2）实验原理与相关知识

苯乙烯（St）是一种比较活泼的单体，乙烯基的电子与苯环共轭，暴露于空气中逐渐发生聚合及氧化。苯乙烯是工业上合成树脂、离子交换树脂及合成橡胶等的重要单体，也用于与其他单体共聚，制造多种不同用途的工程塑料，如ABS树脂（丙烯腈-丁二烯-苯乙烯共聚物）、SAN 树脂（苯乙烯-丙烯腈共聚物）、SBS 热塑性橡胶（苯乙烯-丁二烯-苯乙烯嵌段共聚物）。苯乙烯不溶于水，溶于乙醇、乙醚中。

大孔树脂又称全多孔树脂，是由聚合单体和交联剂在致孔剂、分散剂等添加剂存在下，经聚合反应制备的聚合产物，除去致孔剂后，在树脂中留下了大小形状各异、互相贯通的孔穴。因此，大孔树脂在干燥状态下，其内部具有较高的孔隙率，且孔径（100～1000nm）较大，故称为大孔吸附树脂。大孔吸附树脂主要以苯乙烯（聚合单体）、二乙烯苯（交联剂）等为原料，在0.5%明胶溶液中，加入一定比例的致孔剂（十二烷、甲苯、二甲苯等）聚合而成。

悬浮聚合是借助较强烈的搅拌和悬浮剂作用进行的聚合技术。通常将不溶于水的单体分散在介质水中，利用机械搅拌，将单体分散成直径为0.01～5mm的小液滴的形式而进行聚合。在每个小液滴内，单体的聚合过程和机理与本体聚合相似。悬浮聚合解决了本体聚合中不易散热的问题，产物容易分离，清洗可以得到纯度较高的颗粒状聚合物。其主要组分有四种：单体、分散介质（水）、悬浮剂、引发剂。其中，单体不溶于水，如苯乙烯、乙酸乙烯酯、甲基丙烯酸甲酯等；分散介质大多为水，作为热传导介质；悬浮剂用来调节聚合体系的表面张力、黏度，避免单体液滴在水相中黏结；引发剂主要为油溶性引发剂，如过氧化苯甲酰（BPO）、偶氮二异丁腈（AIBN）等。

本实验在引发剂存在下，以苯乙烯为主要单体，通过自由基悬浮聚合制备大孔树脂。

（3）试剂与仪器

本实验用到的试剂有：苯乙烯（St，单体）（必要时纯化）、二乙烯苯（交联剂）、十二烷（致孔剂）、聚乙烯醇（PVA）（分散剂）、过氧化苯甲酰（BPO）（引发剂）、蒸馏水。

本实验用到的仪器有：三颈烧瓶（250mL）、回流冷凝管、温度计（200℃）、加热机械搅拌器、量筒、锥形瓶（250mL）、烧杯（50mL）、表面皿、吸管、水浴加热装置、布氏漏斗、天平。

（4）实验步骤

① 在250mL三颈烧瓶上安装回流冷凝管、温度计及加热机械搅拌器。量取120mL蒸馏水，称取0.5g PVA，加入三颈烧瓶中。搅拌并加热至95℃左右，待PVA完全溶解后（约20min），将水温降至30～40℃。

② 在干燥洁净的50mL烧杯中，依次加入0.5g BPO、20mL苯乙烯、3.5g二乙烯苯和10g十二烷，轻轻摇动至溶解。然后加入上述三颈烧瓶中，小心调节搅拌速度，使液滴分散成合适的颗粒度（开始时，搅拌速度不宜太快，避免颗粒分散太细；搅拌太慢时，易生成结块，附着在反应器内壁或搅拌棒上）。继续升温至85～90℃，保温聚合反应2h（保温反应1h后，颗粒表面黏度大，极易发生黏结，故此时应十分仔细调节搅拌速度，注意不能停止搅拌，否则颗粒将黏结成块），然后用吸管吸取少量反应液于含冷水的表面皿中观察，若聚合物变硬可结束反应。

③ 将反应液冷却至室温，产品用布氏漏斗过滤分离，用热水多次洗涤，然后在50℃下干燥，称重，计算产率。在这一过程中要注意，悬浮聚合的产物颗粒大小与分散剂的用量及搅拌速度有关，严格控制搅拌速度和温度是实验成功的关键。为保证搅拌速度均匀，整套装置安装要规范，尤其是搅拌器，安装后用手转动要求无阻力，转动轻松自如。

（5）实验数据记录

实验名称：悬浮聚合制备聚苯乙烯大孔树脂

姓名：________ 班级组别：____ 同组实验者：________

实验日期：____年___月___日 室温：____℃ 湿度：______ 评分：____

苯乙烯：____g 聚合温度：____℃

二乙烯苯：____g 十二烷：____g

过氧化苯甲酰：____g 聚合时间：____h

PVA: ____g　蒸馏水: ____mL

搅拌速度: ________　颗粒变硬的时间: ________

聚合物质量: ____g　产率: ____%

（6）问题与讨论

① 结合悬浮聚合的理论，对配方中各组分的作用进行说明。

② 分散剂作用原理是什么？其用量大小对产物粒子有何影响？

③ 如何控制悬浮聚合产物颗粒的大小？

④ 查阅资料，说明如何检测大孔树脂性能参数。总结制备出的大孔树脂、ABS 树脂、SBS 的应用领域。

3.1.3 溶液聚合制备聚乙酸乙烯酯实验

（1）实验目的

① 认识溶液聚合的原理和特点；掌握溶液聚合法制备聚乙酸乙烯酯的技术。

② 了解聚乙酸乙烯酯的来源与用途。

（2）实验原理与相关知识

单体、引发剂溶于适当溶剂中进行聚合的过程，便是溶液聚合。其优点为：聚合热易扩散，反应温度易控制；可以溶液方式直接使用成品；反应后物料易输送；水溶液聚合时用水作溶剂，对环境保护十分有利。缺点是：单体被溶剂稀释，聚合速率慢，产物分子量较低；消耗溶剂，需进行溶剂的回收处理，设备利用率低，导致成本增加；有机溶剂的使用导致环境污染问题。在工业上，溶液聚合适用于直接使用聚合物溶液的场合，如涂料、胶黏剂、合成纤维纺丝等。

聚乙酸乙烯酯（PVAc）是乙酸乙烯酯的聚合物，为无臭、无味、无色黏稠液或淡黄色透明玻璃状有韧性和塑性的颗粒。软化点约为38℃，在阳光及 125℃温度下稳定，溶于芳烃、酮、醇、酯和三氯甲烷等。主要用于口香糖基料（胶姆糖基料，我国规定最大使用量为60g/kg）、涂料、胶黏剂、纸张、织物整理剂，也可用作聚乙烯醇和聚乙烯醇缩醛的原料，用于制造玩具绒料及无纺布。

自由基聚合制备 PVAc 时分子量的控制是关键。由于乙酰氧基（CH_3COO—）为弱吸电子基，单体活性较低，自由基活性较高，在自由基聚合时很容易发生链转移，通常会在甲基处形成支链甚至交联产物，同时也可以向单体或溶剂发生链转移，导致聚合产物分子量较低（从 2000 到几万不等）。所以，溶液聚合中，在选择溶剂时既要考虑溶剂对单体、聚合物的溶解性，又要考虑聚合物的分子量。聚合时反应温度的选择和控制也极为重要：升高温度可提高聚合反应速率，但使聚合物分子量减小，链转移反应速率增加。

本实验以乙酸乙烯酯为单体原料，以甲醇为溶剂，采用溶液聚合法进行自由基聚合，制备 PVAc 粉或 PVAc 膜，反应如图 3-4 所示。

$$n\,CH_2=CH-O-CO-CH_3 \xrightarrow[CH_3OH]{AIBN} \left[CH_2-CH(O-CO-CH_3)\right]_n \quad (PVAc)$$

图 3-4　用溶液聚合法进行自由基聚合制备 PVAc 粉或 PVAc 膜的反应示意图

（3）试剂与仪器

本实验用到的试剂有：乙酸乙烯酯（AR）、偶氮二异丁腈（AIBN）、甲醇（AR）、丙酮（AR）、蒸馏水。

本实验用到的仪器有：三颈烧瓶（250mL）、烧杯（250mL）、球形冷凝管（300mm）、水浴加热装置、温度计（100℃）、电动搅拌器、量筒（25mL、100mL）、大搪瓷盘（或不锈钢盘）、抽滤装置。

（4）实验步骤

在装有电动搅拌器、球形冷凝管和温度计的三颈烧瓶（250mL）中加入 25mL 甲醇、0.05g AIBN（单体质量的 0.1%），搅拌（转速约 400r/min），待 AIBN 完全溶解后，加入 45mL 乙酸乙烯酯。搅拌下升温，使其回流（水浴温度控制在 70℃），控制反应液温度在 60～65℃，注意观察体系黏度的变化，然后按照如下两种方案成型。

成型方法 I（PVAc 粉）：反应 3h 后停止，冷却，向反应液中加 10mL 丙酮，搅拌使聚合物 PVAc 溶解。取一只烧杯（250mL），加入约 100mL 蒸馏水，将聚合物的丙酮溶液缓缓加入蒸馏水，边加边快速搅拌，PVAc 以白色沉淀形式析出，将沉淀用水洗涤 3～5 次，干燥至恒重，得到聚乙酸乙烯酯（PVAc）粉末，计算产量（收率）。

成型方法Ⅱ（PVAc 膜）：当反应物变得黏稠（产物黏稠程度与转化率可以由反应物中气泡的状态来判断，气泡基本不再上升而被拉成细长条状时，转化率约为 50%），转化率约 50%时，加入 20mL 甲醇，使反应物稀释，然后将溶液慢慢倾入盛水的大搪瓷盘中（产物倒入搪瓷盘时应当来回绕 S 形，以便让高分子膜均匀地平铺在表面）。放置过夜，PVAc 呈薄膜析出，待膜不黏结时，用水反复洗涤，晾干后剪成片状，烘干 PVAc 膜，计算产量（收率）。

（5）实验数据记录

实验名称：溶液聚合制备聚乙酸乙烯酯

姓名：______ 班级组别：______ 同组实验者：________

实验日期：____年___月___日 室温：____℃ 湿度：______ 评分：____

乙酸乙烯酯：____mL AIBN：____g 丙酮：____mL 甲醇：____mL

聚合温度：____℃ 时间：____min

PVAc 粉：____g（转化率：____） PVAc 膜：____g（转化率：____）

（6）问题与讨论

① 查阅 MSDS，了解乙酸乙烯酯、PVAc 等的物理参数、材料安全数据。

② 本实验将 PVAc 溶于丙酮，又将其丙酮溶液加入蒸馏水，有什么目的呢？

③ 若使用蒸馏水代替甲醇，聚合反应会有什么不同？

④ 有哪些措施可以减少聚合反应向溶剂的链转移？

⑤计算聚合反应产率，说明产率低的主要原因。

3.1.4 二氧化碳-环氧丙烷共聚合制备聚碳酸亚丙酯实验

（1）实验目的

① 学习二氧化碳-环氧丙烷共聚合制备聚碳酸亚丙酯方法。

② 熟悉高压反应釜使用操作；了解脂肪族聚碳酸酯制备方法与用途。

（2）实验原理与相关知识

二氧化碳（CO_2）作为储量庞大的C资源和温室气体，若实现对其有效利用，既可以缓解石油资源紧张的局面，又能减轻温室效应，因此意义重大。近年来研究表明，CO_2不但可以用于合成尿素、甲醇、水杨酸、碳酸酯、异氰酸酯等小分子化合物，还可以与二元胺、双酚、烯类化合物、杂环化合物、环氧化合物、环硫化合物、环氮化合物等进行缩聚反应或共聚合反应，制备高分子材料。

以CO_2和不同类型环氧化合物为原料，通过共聚合反应所制备的脂肪族聚碳酸酯具有良好的生物降解性能，广泛应用于生物医药领域，特别是利用 CO_2 与环氧丙烷（PO）共聚合制备聚碳酸亚丙酯（PPC）。戊二酸锌（ZnGA）是CO_2/PO开环共聚合反应中常用的一种非均相催化剂，机理属于配位插入过程，首先是PO与ZnGA配位活化开环，随后CO_2插入烷氧基锌键，形成碳酸酯阴离子亲核进攻配位环氧化合物，反应循环形成交替共聚物，若PO重复插入会形成聚醚链段。PPC成本低廉，透明度高，具有优越的阻隔性、生物相容性和可生物降解性能，已工业化应用于热塑性材料、胶黏剂、生物医用材料（如载药、组织工程）等领域。ZnGA催化CO_2与环氧化合物开环聚合反应如图3-5所示。

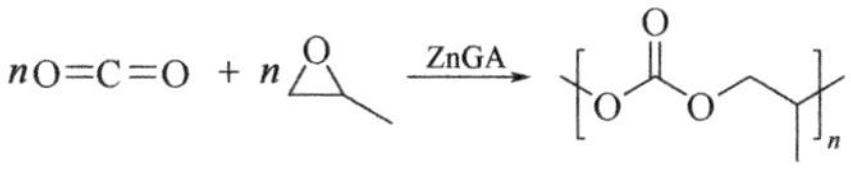

nO=C=O + n ... ZnGA ... n

图3-5　ZnGA催化CO_2与环氧化合物开环聚合反应示意图

（3）试剂与仪器

本实验用到的试剂有：二氧化碳（气体）、环氧丙烷、戊二酸锌（ZnGA）、甲苯、NaH_2PO_4/Na_2HPO_4缓冲溶液、氯仿、乙醇、丙酮、蒸馏水。

本实验用到的仪器有：高压反应釜（100mL）、玻璃注射器、加热磁力搅拌器、真空油泵、旋转蒸发器、真空干燥箱、离心机、电热鼓风干燥箱、乌氏黏度计、GPC、NMR（核磁共振仪）、FT-IR、热重-差示扫描量热仪（TG-DSC）、SEM、万能材料试验机、天平、滤纸。

（4）实验步骤

① 聚碳酸亚丙酯（PPC）制备。将高压反应釜用丙酮清洗、干燥，并将高压反应釜和玻璃注射器置于真空干燥箱中，100℃真空干燥过夜。冷却高压反应釜，通入 CO_2 气体置换，抽真空，重复 3 次。通 CO_2 气体，聚合反应温度为 60℃，CO_2 压力调至 5MPa，搅拌反应 15h。

向高压反应釜中加入 10mL 环氧丙烷，加入 0.1g ZnGA（催化剂）、6mL 甲苯。反应完成后，高压反应釜自然冷却，取出所得黏稠状白色产品。产物用氯仿溶解稀释，离心分离催化剂，旋蒸浓缩，乙醇沉降。溶沉重复 3 次，80℃真空干燥 24h，得到乳白色固体，即聚碳酸亚丙酯（PPC），称重备用。

② 聚碳酸亚丙酯结构及性能测定

a．可采用傅里叶红外光谱、核磁共振谱、凝胶渗透色谱进行结构表征与平均分子量及其分布的测定。

b．性能测试。玻璃化转变温度采用差示扫描量热仪测试，温度范围为-40～150℃，升温速率为 10℃/min。热稳定性能采用热重分析仪测定，温度范围 20～600℃，升温速率 10℃/min。力学性能采用万能材料试验机测试，按照 ASTM E104 标准，制成 25mm×4mm×1mm 的哑铃形样条进行拉伸性能测试，在 25℃、(50±5)%湿度条件下测试，拉伸速度为 10mm/min。每种聚合物制成 5 个样条供测试，结果取平均值。

降解性能测试：称取 4.0g PPC 溶于氯仿中制成 10mm×10mm×0.5mm 的长方条样品，称初始质量，将样品投入装有 pH 值为 7.4 的 NaH_2PO_4/Na_2HPO_4 缓冲溶液中，将其放置于 37℃的恒温装置中，每隔一周时间取出样品，用蒸馏水反复冲洗三次，用滤纸吸干样品表面的水分并称重，计算其吸水率和失重率，利用 SEM 测试观察降解聚合物形貌。

（5）实验数据记录

实验名称：二氧化碳-环氧丙烷共聚合制备聚碳酸亚丙酯

姓名：______ 班级组别：______ 同组实验者：________

实验日期：____年___月___日 室温：____℃ 湿度：______ 评分：____

（一）聚碳酸亚丙酯的合成

环氧丙烷：____mL 聚甲苯：____mL 聚合条件：____

PPC 产量：____（收率：____） 纯度：____

（二）聚碳酸亚丙酯的平均分子量

黏均分子量（M_v）测定：______ 数均分子量（M_n）：______

重均分子量（M_w）：______ 聚合物分散性指数（PDI）：______

IR 数据：______ NMR 数据：______

玻璃化转变温度：______ 热分解温度：______

拉伸强度：______ 断裂伸长率：______

吸水率：______ 降解失重率：______

SEM 测试结果：

（6）问题与讨论

① 环氧丙烷的提纯、储存方法有哪些？

② 查阅资料，熟悉环氧化物开环聚合的机理。

③ 总结二氧化碳和环氧丙烷共聚合的影响因素，思考提高共聚合反应产率的方法。

3.2 逐步聚合反应实验

3.2.1 线型缩聚制备双酚 A 环氧树脂实验

（1）实验目的

① 掌握线型缩聚反应合成环氧树脂的方法；深入了解逐步聚合原理。

② 学习环氧值的测定方法。

（2）实验原理与相关知识

加热后产生化学变化，逐渐硬化成型，再受热不软化，也不能溶解的树脂，便是热固性树脂。它包括大部分的缩合树脂，其分子结构为体型。热固性树脂有良好的耐热性，受压不易变形，但力学性能较差。

酚醛树脂、环氧树脂、氨基树脂、不饱和聚酯以及硅酸树脂等，都属于热固性树脂。其中，环氧树脂泛指分子中含有两个及两个以上环氧基团的高分子，分子链中活泼的环氧基团可以位于分子链的末端、中间或呈环状结构，大部分品种的分子量都不高。固化后的环氧树脂具有良好的物理、化学性能，它对金属和非金属材料的表面具有优异的黏结强度，介电性能良好，变形收缩率小，制品尺寸稳定性好，硬度高，柔韧性较好，对碱及大部分溶剂稳定，因而广泛应用于国防、国民经济等领域，作浇注料、浸渍料、层压料、胶黏剂、涂料等。双酚 A 环氧树脂是产量最大、用途最广的一类，是由双酚 A（二酚基丙烷）与环氧氯丙烷在 NaOH 作用下聚合而成（式中，*n* 一般在 0～25），反应机理属于逐步聚合（图 3-6）。

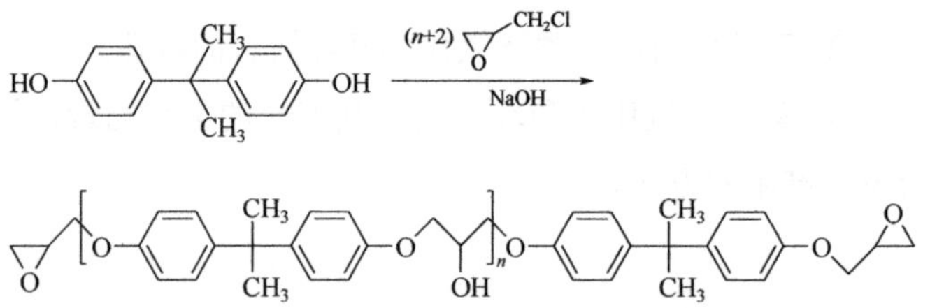

CH_3 HO OH CH_3 $(n+2)$ CH_2Cl O NaOH

O O CH_3 CH_3 O OH n O CH_3 CH_3 O O

图 3-6　双酚 A 与环氧氯丙烷在 NaOH 作用下的聚合反应机理示意图

线型缩聚指的是聚合单体中有两个官能团发生反应，形成的大分子向两个方向增长，得到线型高分子的反应。线型环氧树脂外观为黄色至青铜色的黏稠状液体或脆性固体，易溶于有机溶剂，未加固化剂的环氧树脂具有热塑性，可长期储存而不变质。其主要参数是环氧值，环氧值是指 100g 树脂中含环氧基的物质的量（以 mol 计）。分子量越高，环氧值就相应越低，一般低分子量环氧树脂的环氧值在 0.48～0.57。固化剂的用量与环氧值成正比，固化剂的用量对成品的机械加工性能影响很大，必须严格控制。

本实验通过双酚 A、环氧氯丙烷在碱性条件下缩合，并经水洗，利用脱溶剂方法制备环氧树脂。

（3）试剂与仪器

本实验用到的试剂有：双酚 A（4,4-二羟基二苯基丙烷，单体，AR）、环氧氯丙烷（单体，AR）、NaOH（催化剂，AR）、苯（溶剂，

AR)、盐酸（AR)、丙酮（AR)、NaOH 标液（1mol/L)、邻苯二甲酸氢钾、乙醇溶液（0.1%)、酚酞指示剂、蒸馏水、凡士林。

本实验用到的仪器有：三颈烧瓶(250mL)、球形冷凝管(300mm)、直形冷凝管（300mm)、滴液漏斗（50mL)、分液漏斗（250mL)、温度计（100～200℃)、接液管、具塞锥形瓶（250mL)、量筒（100mL)、容量瓶（100mL)，烧杯（50mL)、碘瓶、蒸馏装置、刻度吸管（10mL)、移液管（15mL)、碱式滴定管（50mL)、广口试剂瓶（100mL)、电动搅拌器、油浴锅（含液体石蜡)、分析天平。

（4）实验步骤

① 双酚 A 环氧树脂的合成

a．将干净干燥的三颈烧瓶称量并记录，然后装配滴液漏斗、温度计、电动搅拌器、油浴锅。依次加入双酚 A（34.2g，0.15mol)、环氧氯丙烷（42g，0.45mol)，搅拌下升温至 70～75℃，使双酚 A 全部溶解。

b．配制 NaOH 溶液（12gNaOH/30mL 蒸馏水)，并通过滴液漏斗慢慢滴加到三颈烧瓶中（由于环氧氯丙烷开环是放热反应，所以开始时必须加得很慢，防止因反应浓度过大凝成固体而难以分散)。若体系温度过高，可暂时撤去油浴锅，使温度控制在 75℃。

c．碱液滴加完毕后，将反应装置中的滴液漏斗更换为回流冷凝管。在 75℃下回流 1.5h（温度不要超过 80℃)，体系呈乳黄色。加入 45mL 蒸馏水和 90mL 苯，搅拌均匀后倒入分液漏斗中（预聚物反应完毕要趁热倒入分液漏斗，此操作在通风橱中进行，分液需要充分静置，并注意及时排气)，静置片刻。在这一步骤，要注意分液漏斗使用前应检查盖子与活塞是否匹配，活塞要涂上凡士林，使用时振动摇晃几下后放气。

d．待液体分层后，分去水层（下层)。重复加入 30mL 蒸馏水、60mL 苯，剧烈摇荡，静置片刻，分去水层。用 60～70℃温水洗涤两次。将反应装置中的回流冷凝管更换为蒸馏装置（蒸馏头、冷凝管、尾接管与烧瓶)，蒸馏除去未反应的环氧氯丙烷，控制蒸馏的最终温度为 120℃（必要时减压蒸馏，用循环水泵减压即可，应注意装置的气密性)，得淡黄色黏稠透明的环氧树脂。将三颈烧瓶连同树脂称量，计算产率。所得树脂倒入试剂瓶中备用（热塑性的环氧树脂具有较大的黏度，要及时从三颈烧瓶中取出，三颈烧瓶用丙酮清洗）。

② 双酚A环氧树脂环氧值的测定

a. 试剂配制。配制盐酸/丙酮溶液：将2mL浓盐酸溶于80mL丙酮中，均匀混合即成（现配现用）。

配制NaOH/乙醇溶液：将4g NaOH溶于100mL乙醇中，用标准邻苯二甲酸氢钾溶液标定，以酚酞作指示剂。

b. 环氧值（E）的测定：分子量小于1500的环氧树脂，其环氧值的测定用盐酸-丙酮法；分子量较大的环氧树脂的环氧值测定用盐酸-吡啶法。测定反应式如图3-7所示，过量的HCl用标准NaOH/乙醇溶液回滴。

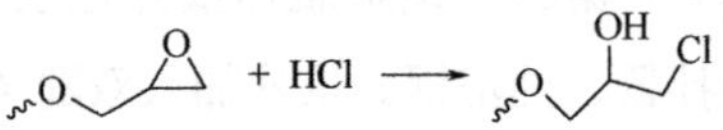

图3-7 环氧值（E）的测定反应式示意图

取125mL碘瓶2个，各放入1000g环氧树脂（精确到1mg），用移液管加入25mL盐酸/丙酮溶液，加盖、摇动使树脂完全溶解，放置阴凉处1h，加酚酞指示剂3滴，用NaOH/乙醇溶液滴定（滴定开始时要缓慢些，环氧氯丙烷开环反应是放热的，反应液温度会升高）。同时按上述条件做两次空白滴定。环氧值E（mol/100g树脂）按下式计算：

$$E=\frac{(V_1-V_2)c}{1000m}\times 100=\frac{(V_1-V_2)c}{10m} \tag{3-1}$$

式中，V_1为空白滴定所消耗的NaOH溶液的体积，mL；V_2为样品测试消耗的NaOH溶液的体积，mL；c为NaOH溶液的浓度，mol/L；m为树脂质量，g。

（5）实验数据记录

实验名称：线型缩聚制备双酚A环氧树脂

姓名：______ 班级组别：______ 同组实验者：________

实验日期：____年___月___日 室温：____℃ 湿度：______ 评分：____

（一）双酚A环氧树脂的合成

聚合温度：____℃ 聚合时间：____h 双酚A：______ 环氧氯丙烷：_____

双酚 A 环氧树脂产量：______（产率：______）

（二）环氧值的测定

标准 NaOH/乙醇溶液浓度：______mol/L

环氧值 E：______

（6）问题与讨论

① 在合成环氧树脂的反应中，若 NaOH 的用量不足，将对产物有什么影响？

② 环氧树脂的分子结构有何特点？为什么环氧树脂具有优良的黏结性能？

③ 使用环氧树脂时，为什么必须加入固化剂？固化剂的种类有哪些？

3.2.2 体型缩聚制备脲醛树脂胶黏剂实验

（1）实验目的

①了解脲醛树脂的合成原理和过程；加深理解加成缩聚的反应机理。

②掌握脲醛树脂的合成方法及胶黏技术。

（2）实验原理与相关知识

尿素与甲醛在酸（或碱）催化下，经加成聚合反应制得的热固性树脂，便是脲醛树脂。固化后的脲醛树脂呈半透明状，耐弱酸、弱碱，绝缘性能好，耐磨性极佳，价格便宜，但遇强酸、强碱易分解，耐候性较差。脲醛树脂可用于耐水性和介电性能要求不高的制品，如插线板、仪表外壳、旋钮、日用品、装饰品等，也可用于部分餐具的制造。脲醛树脂是木材加工用胶黏剂中用量最大的品种。尿素与甲醛的缩合反应是逐步进行的，首先生成不同的中间体。最初生成一羟甲基脲和二羟甲基脲。一羟甲基脲之间缩合生成线型或支链型聚亚甲基脲；二羟甲基脲之间缩合可得环化聚亚甲基脲。存在羟甲基和酰胺基的中间体，既可以与原料反应，也可以相互缩合，得到体型脲醛树脂。因此，产物结构受尿素与甲醛比例、反应体系 pH 值、温度及时间等的影响。脲醛树脂的聚合反应机理如图 3-8 所示。

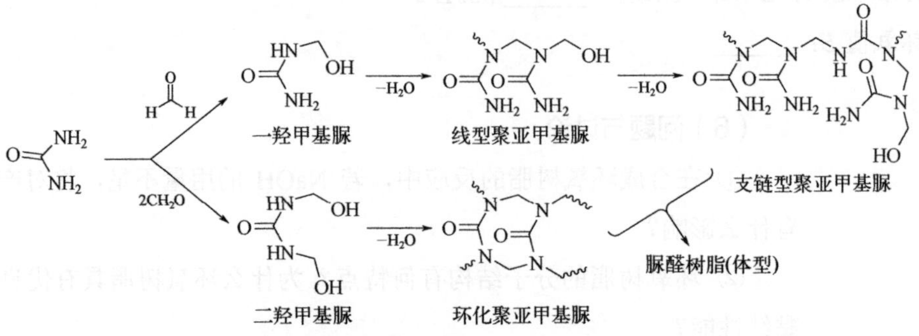

一羟甲基脲
线型聚亚甲基脲
支链型聚亚甲基脲
二羟甲基脲
环化聚亚甲基脲
脲醛树脂(体型)

图 3-8　脲醛树脂的聚合反应机理示意图

本实验通过尿素与甲醛缩合生成聚亚甲基脲，而后在亚甲基脲分子之间脱水合成脲醛树脂（UF）。

（3）试剂与仪器

本实验用到的试剂有：尿素、甲醛（36%水溶液）、甘油、NaOH 溶液（10%）、甲酸溶液（10%）、NH_4Cl 溶液（15%）。

本实验用到的仪器有：三颈烧瓶（250mL）、球形冷凝管（300mm）、直形冷凝管（300mm）、温度计（100℃）、拉伸机、电动搅拌器、水浴加热器、烘箱、移液管，以及用于测试胶合强度的薄板木条。该木条的标准是：长×宽= 100mm×25mm，胶合面为 25mm×25mm，用游标卡尺测量其胶合长与宽，精确到 0.1mm。

（4）实验步骤

① 脲醛树脂的合成。实验过程需在通风橱中进行。

a. 在 250mL 三颈烧瓶上装置电动搅拌器、温度计、回流冷凝器。加入 36%甲醛水溶液 90mL（1.08mol 甲醛），用 NaOH 溶液调节甲醛水溶液 pH=7。升高水浴温度到 70℃，加入 36g（0.6mol）尿素，搅拌至溶解。

b. 用甲酸溶液将 pH 值小心调节至 5.0（注意观察自升温现象，甲酸加入量以几滴计量，过量易爆聚结块）。慢慢升温到 90～94℃，恒温反应 30min。再调节 pH 值至 4.8，继续反应 1h 后停止加热。也可随时取产品（脲醛树脂溶液）滴入冷水中，观察在冷水中的溶解情况。当在冷水中出现乳化现象时，随时检测在40℃温水中的乳化情况，当出现乳化后，立即降温终止反应。

c．冷却至30℃以下，用NaOH溶液调节pH=7，得到线型脲醛树脂（呈现为黏稠状溶液）。

② 木材黏结

a．称取3份各10g上述脲醛树脂溶液，标记为Ⅰ号、Ⅱ号、Ⅲ号。其中，Ⅱ号样中加入3滴NH_4Cl水溶液（固化剂）；Ⅲ号样中加入6滴NH_4Cl水溶液。搅拌均匀，制成体型脲醛树脂，并马上用于木条（或胶合板）的黏结（在50℃加热，可以观察到脲醛树脂的溶液迅速固化）。

b．取几块木条（或胶合板），将制备的体型脲醛树脂均匀涂抹在木条所要胶合的部位（可拼接为不同图案），用夹子固定后在烘箱（50℃）中烘20min或自然晾干。

c．黏结力测定。将胶合好的木条放到拉伸机（或万能拉力试验机）中，测定最大破坏荷重（P_{max}，N）、试件剪断面的长度（l_1）与宽度（b_1），计算胶合强度（X，MPa）（精确到0.01MPa）。

$$胶合强度(X) = P_{max} / (l_1 b_1) \tag{3-2}$$

（5）实验数据记录

实验名称：体型缩聚制备脲醛树脂胶黏剂

姓名：______ 班级组别：______ 同组实验者：________

实验日期：____年___月___日 室温：____℃ 湿度：______ 评分：____

（一）脲醛树脂的合成

聚合温度：____℃ 聚合时间：____h 尿素用量：____ 甲醛用量：____

NH_4Cl用量：____ 脲醛树脂溶液产量：______（产率：______）

（二）胶合强度的测定

P_{max}=______；胶合强度（X）：______

（6）问题与讨论

① 在合成树脂的原料中，哪种原料对pH值的影响最大？为什么？

② NH_4Cl 为什么能使脲醛树脂固化？请说一下原因。你认为还

可加入哪些固化剂？

③ 如果脲醛树脂在三颈烧瓶内发生了固化，试分析有哪些原因？

3.2.3 开环聚合制备尼龙-6实验

（1）实验目的

① 掌握尼龙-6的制备方法。

② 了解双功能基单体缩聚和开环聚合的特点。

（2）实验原理与相关知识

聚酰胺（PA）树脂是具有许多重复酰胺基团（—CONH—）的线型热塑性树脂的总称，由二元酸与二元胺缩聚、氨基酸缩聚，或开环聚合而得。PA俗称尼龙，用作纤维时称为锦纶、耐纶。聚酰胺链段中带有极性酰胺基团，能够形成氢键，结晶耐磨、耐溶剂和耐油等，能在-40～100℃使用。但是，PA的吸水性较大，尺寸稳定性较差。为方便起见，根据合成单体中的碳原子数来表示PA组成，主要包括PA6、PA66、PA11、PA610、PA1010等系列产品。其中，PA6和PA66为主导产品。PA6（尼龙-6）由于具有突出的易染色性和柔软耐磨性，不仅在工程上广泛使用，而且非常适合做印花织物和生活用品。

尼龙-6的单体是己内酰胺，可以在高温下缩聚。己内酰胺聚合方法有水解聚合、阴离子聚合、阳离子聚合等，生产工艺有间歇聚合与连续聚合工艺。己内酰胺的开环聚合可在水或氨基己酸存在的条件下进行，加5%～10%的H_2O，在250～270℃下开环缩聚是工业上制备尼龙-6的方法。典型反应机理为：水使部分己内酰胺开环水解成氨基己酸。一些己内酰胺分子从氨基己酸的羧基取得H^+，形成质子化己内酰胺，从而有利于氨基端的亲核攻击而开环。随后是$—N^+H_3$上的H^+转移给己内酰胺分子，再形成质子化己内酰胺。重复以上过程，分子量不断增加，最后形成高分子量聚己内酰胺，即尼龙-6。反应如图3-9所示。

（3）试剂与仪器

本实验用到的试剂有：己内酰胺（单体，AR）、己二酸（分子量稳定剂，AR）、高纯氮、蒸馏水。

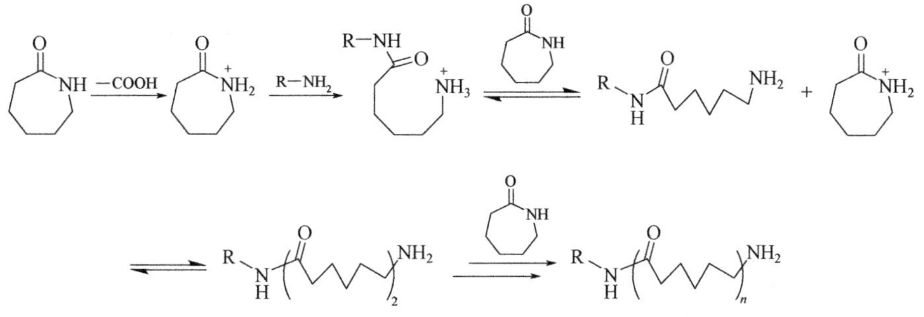

图 3-9　尼龙-6 的典型反应机理示意图

本实验用到的仪器有：聚合管、手提火焰枪、铝制圆筒保护装置、恒温槽、温度计（300℃）、烧杯（50mL）、刻度吸管（10mL）、移液管（15mL）、真空泵、抽滤瓶、分析天平。

（4）实验步骤

① 己内酰胺开环聚合。在聚合管（或具导气/真空接口的厚壁耐压瓶）内，注入 5g 己内酸、60mg 己二酸，加入 60mg 蒸馏水（约 3 滴），将此聚合管抽气 5min 后熔封（对聚合管抽气必须彻底，否则聚合体会着色）。熔封后的聚合管装入铝制圆筒保护装置中，附温度计，用手提火焰枪加热（如图 3-10 所示，小心加热，为防止聚合管发生爆

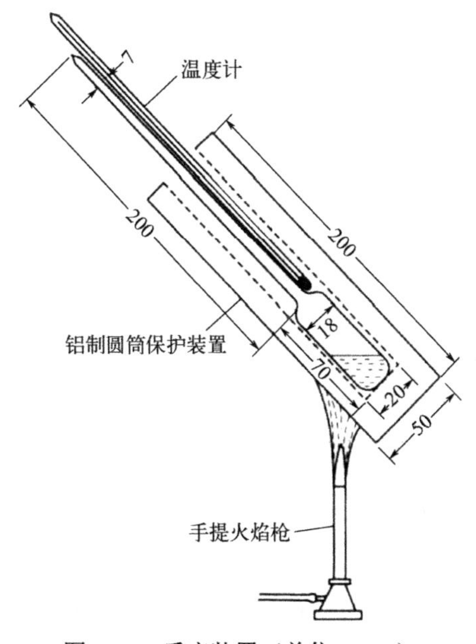

图 3-10　反应装置（单位：mm）

炸，必须注意铝制圆筒保护装置的前端），250℃反应 3h 使之聚合。聚合完毕后，取出聚合管，待冷却后开封。

称量开封后的聚合管质量，然后将它再放入铝制圆筒保护装置中，一面抽气，一面以 250℃加热 1h。此时，原先加入的水及残留单体会被蒸馏出来。继续一面抽气一面冷却，可得白色固体尼龙-6。称聚合管质量，求出反应期间馏出物质量。取出产物（必要时打破聚合管），用热水萃取聚合物，即可得尼龙-6。

② 尼龙-6 的纯化。将上述所制得的尼龙-6 利用索氏提取器装置连续萃取提纯，以甲醇作为溶剂将未反应的单体或低聚合体溶出。

（5）实验数据记录

实验名称：开环聚合制备尼龙-6

姓名：______ 班级组别：______ 同组实验者：________

实验日期：____年___月___日 室温：____℃ 湿度：______ 评分：____

聚合温度：____℃ 聚合时间：____h 己内酰胺的加入量：_______

蒸馏水的量：________ 己二酸的量：________

尼龙-6 的产量：______（产率：______）

（6）问题与讨论

① 有哪些方法可以合成己内酰胺？

② 水的添加量不同时，对聚合初期及末期反应的影响如何？

③ 在制备尼龙-6 的过程中，影响转化率的因素有哪些？

3.2.4 三聚氰胺与甲醛缩合制备蜜胺树脂实验

（1）实验目的

① 学习三聚氰胺与甲醛缩合原理；了解蜜胺树脂的特点与用途。

② 掌握三聚氰胺与甲醛缩合制备蜜胺树脂的方法。

（2）实验原理与相关知识

由三聚氰胺与甲醛在碱性条件下经过缩合反应合成的高分子材料，便是三聚氰胺甲醛树脂，又称蜜胺甲醛树脂、蜜胺树脂。蜜胺树脂是氨基树脂的两大品种之一。三聚氰胺和甲醛缩合时，通过控制单体组成和反应程度先得到可溶性的预聚体，该预聚体以三聚氰胺的三羟甲基化合物为主，在 pH8～9 时稳定。蜜胺树脂预聚体在室温下不固化，一般需要在热（130～150℃）和少量酸催化下进行固化（即进一步发生羟甲基之间的脱水聚合反应，形成交联聚合物），加工成型时发生交联反应，得到热固性树脂。固化后的树脂无色透明，在沸水中稳定，甚至可以在 150℃的高温下使用，具有自熄性、抗电弧性和良好的力学性能，可用于制造仿瓷餐具。反应如图 3-11 所示。

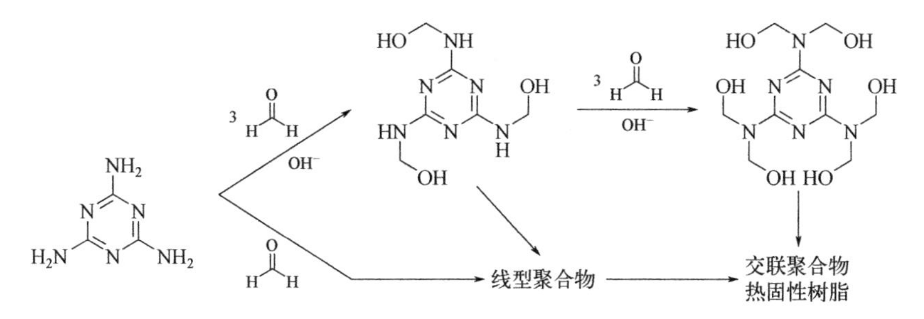

图 3-11　蜜胺树脂的聚合反应机理示意图

本实验首先制备三聚氰胺-甲醛预聚物，进一步制备蜜胺树脂盒与层压蜜胺树脂板。

（3）试剂与仪器

本实验用到的试剂有：三聚氰胺、甲醛溶液（36%）、乌洛托品（六亚甲基四胺）、三乙醇胺、蒸馏水、NaOH。

本实验用到的仪器有：三颈烧瓶（100mL）、电动搅拌器、回流冷凝管、温度计、水浴装置、滤纸（或棉布）、恒温浴装置、滴管、量筒（50mL）、培养皿、镜子、光滑金属板、油压机、天平、玻璃棒、表面皿、烘箱。

（4）实验步骤

在本实验中，会有甲醛气体产生，因而所有反应必须在带有密闭气罩的通风橱中进行。具体的实验步骤如下。

① 三聚氰胺-甲醛预聚物的合成。在三颈烧瓶（100mL，装配电动搅拌器、回流冷凝管、温度计和水浴装置）中，加入 25mL 甲醛溶液和 0.06g 乌洛托品，搅拌使之充分溶解。搅拌下加入 15g 三聚氰胺，继续搅拌 5min 后，加热升温至 80℃开始反应。在反应过程

中可明显观察到反应体系由浊转清，在反应体系转清后约 30min 开始测沉淀比。当沉淀比达到 2∶2 时，加入 0.15g（2～3 滴）三乙醇胺，搅拌均匀后撤去加热浴装置，停止反应，得到三聚氰胺-甲醛预聚体。

在该实验步骤中，以下两方面要特别予以注意。

a．测定沉淀比。从反应液中吸取 2mL 样品，冷却至室温，搅拌下滴加蒸馏水，当加入 2mL 水使样品变浑浊并且经摇荡后不转清时，则沉淀比达到 2∶2。

b．控制反应终点。将 1 滴反应液滴入一定温度的水中，若树脂液在水中呈白色云雾状散开时，说明达到反应终点；若呈透明状散开，说明未达到反应终点；形成白色颗粒状，则表明已超过反应终点，应立即加入氢氧化钠终止反应。

② 纸张的浸渍

a．制备蜜胺树脂盒。将滤纸折叠为特定形状的纸盒，倒入预聚物，用玻璃棒小心地将预聚物均匀涂覆于纸盒内表面。刮去多余的预聚物，纸盒放入表面皿，先在通风橱内晾至近干，进一步在 80℃烘箱中烘干。冷却后取出，得到蜜胺树脂盒。

b．制备层压蜜胺树脂板。将预聚物倒入干燥的培养皿中，将 15 张滤纸（或棉布）分张投入预聚物中 1～2min，使浸渍均匀，用镊子取出，用玻璃棒刮掉滤纸表面过剩的预聚物，用夹子固定在绳子上晾干。将晾干的纸张层叠整齐，放在预涂硅油的光滑金属板上，在油压机上于 135℃、4.5MPa 下加热 15min（在热压过程中，可观察到大量气泡产生，是反应脱去的水蒸气所形成）。为预防树脂过度流失，宜逐步提高压力，并在每次增压前稍稍放气。打开油压机，冷却后取出，得到层压蜜胺树脂板。

③ 蜜胺树脂材料性能

a．在所制备的蜜胺树脂盒中，分别倒入 25℃、50℃、90℃蒸馏水，观察其是否漏水，并测试其表面温度。

b．所制备蜜胺树脂板具有坚硬、耐高温的特性，可测定其冲击强度。

（5）实验数据记录

实验名称：三聚氰胺与甲醛缩合制备蜜胺树脂

姓名：______ 班级组别：______ 同组实验者：________

实验日期：____年___月___日 室温：____℃ 湿度：______ 评分：____

（一）预聚体的合成

制备条件：

（二）纸张的浸渍

蜜胺树脂盒的制备条件：

（三）蜜胺树脂的性能：

（6）问题与讨论

① 计算三聚氰胺与甲醛的质量比例，推测预聚体分子链结构。

② 本实验中，三乙醇胺和乌洛托品分别有什么作用？

③ 调查哪些仿瓷餐具是用蜜胺树脂制作的，同时进一步说明使用蜜胺餐具应注意什么？

3.3 高分子反应与组装实验

3.3.1 聚乙烯醇的甲醛化反应合成胶水实验

（1）实验目的

① 掌握由聚乙烯醇制备聚乙烯醇缩甲醛胶水的方法。

② 了解聚乙烯醇与甲醛的缩合反应机理。

（2）实验原理与相关知识

聚乙烯醇（PVA）有着良好的水溶性，这使其实际应用受到限制。通过醚化、酯化、缩醛化等化学反应来减小 PVA 分子中的羟基含量，可降低水溶性，增加实际应用价值，如可用作胶黏剂、海绵等。合成胶水又称有机胶水，用于文化办公用品的市售合成胶水主要有聚乙烯醇类、聚丙烯酰胺等。聚乙烯醇类胶水是由聚乙烯醇（PVA）和适量甲醛（CH_2O）缩合后得到的聚乙烯醇缩甲醛（PVF）胶水。聚乙烯醇缩甲醛胶水最初只是代替粮糊及动植物胶、文具胶等来使用，20世纪70年代开始用于民用建设，此后又应用于壁纸、玻璃、瓷砖等的粘贴，目前作为胶黏剂也广泛应用于内外墙涂料、水泥地面涂料的基料等。

PVA与甲醛在H^+的催化作用下发生缩合反应得到PVF（图3-12）。

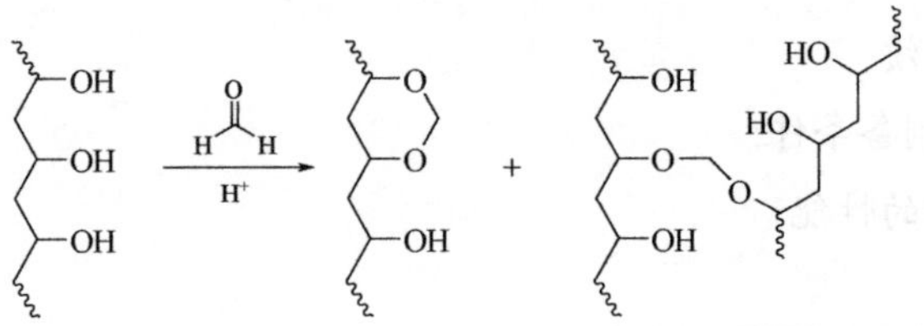

图3-12 PVA与甲醛在H^+催化作用下的缩合反应机理示意图

一般来说，聚合度增大，水溶液黏度增大，成膜后的强度和耐溶剂性提高。缩合反应（图3-13）是分步进行的。

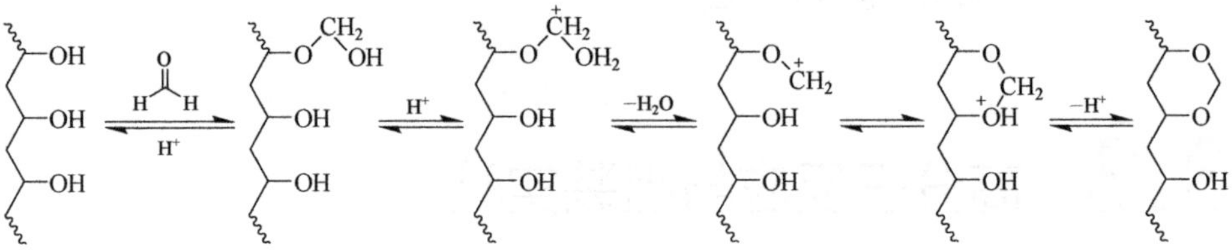

图3-13 聚乙烯醇与甲醛的缩合反应机理分步示意图

甲醛在H^+存在下质子化，首先与聚乙烯醇羟基加成形成半缩醛，然后，半缩醛羟基在H^+作用下脱水转化成碳正离子，碳正离子继续与羟基作用得到缩醛。

在制备聚乙烯醇缩甲醛（PVF）时，控制缩醛度在较低水平，分子中含有大量羟基、乙酰基和醛基，具有较强的胶黏性，可用于涂料、胶黏剂，用来粘接金属、木材、皮革、玻璃、陶瓷、橡胶等。控制缩醛度在35%左右，得到具有较好耐水性和力学性能的维尼纶纤维，又称为“合成棉花”。

本实验通过聚乙烯醇的甲醛化反应制备合成胶水，即聚乙烯醇缩甲醛胶水。

（3）试剂与仪器

本实验用到的试剂有：聚乙烯醇、甲醛水溶液（37%）、盐酸溶液（2.4mol/L）、NaOH 水溶液（8%）、去离子水。

本实验用到的仪器有：三颈烧瓶（250mL）、电动搅拌器、水浴装置、锥形瓶（1000mL）、温度计（200℃）、量筒（25mL）、移液管（1mL、5mL）、天平、纸板、木板。

（4）实验步骤

① 在 250mL 三颈烧瓶中加入 8g 聚乙烯醇（PVA）、68g 去离子水，水浴加热至 95℃，搅拌。待聚乙烯醇全部溶解后，将温度降至 85℃，加入 2.4mol/L 盐酸溶液 0.5mL，调节反应体系的 pH 值为 1～3，再加入 3mL 甲醛水溶液（37%），维持 90℃搅拌反应 40～60min。体系逐渐变稠，可取少许用纸试验其黏结性。当有较好的黏结性后立即加入 1.5mL 8%的 NaOH 溶液，冷却后将无色透明黏稠的液体从三颈烧瓶中倒出，即得聚乙烯醇缩甲醛胶水。

② 分别取两片纸张、木板，测试所制备聚乙烯醇缩甲醛胶水的黏结性能，并与市售胶水进行对比。

（5）实验数据记录

实验名称：聚乙烯醇的甲醛化反应合成胶水

姓名：______ 班级组别：______ 同组实验者：________

实验日期：____年___月___日 室温：____℃ 湿度：______ 评分：____

聚乙烯醇：____g 去离子水：____mL

盐酸溶液（1∶4）：____mL 8%NaOH 溶液：____mL

胶水 pH 值：______ 胶水色泽：______

（6）问题与讨论

① 如何加速聚乙烯醇的溶解？

② 实验最后加入了 NaOH，它有什么作用？

③ 工业上生产胶水时，为了降低游离甲醛的含量，常在 pH 值调整至 7～8 后加入少量尿素，发生脲醛化反应。请写出脲醛化反应的方程式。

④ 由于PVF胶水中含有缩甲醛单元，在一定条件下会游离出甲醛分子，引起居室内甲醛超标，因此环保胶的开发受到关注。请查阅资料，了解聚乙烯醇环保胶的主要原料与结构组成。

3.3.2 组装法合成水溶性高分子光敏材料实验

(1) 实验目的

① 认识自组装技术与超分子聚合物；学习聚合物自组装的方式。
② 学习金属配合物与天然高分子的组装技术。

(2) 实验原理与相关知识

通过聚合反应、高分子反应、接枝聚合反应等典型化学反应，可将相同或不同链结构单元通过共价键构筑在一起，得到不同用途的高分子材料。近年来，随着超分子化学的发展，发现通过组装技术可赋予高分子材料更多功能。其中，研究最多的是自组装技术。

所谓自组装，就是物质的基本结构单元（小分子与大分子，纳米、微米及更大尺度的物质）在没有人为干涉的情况下，自发形成有序或者功能结构的过程。合成高分子（均聚物、嵌段聚合物、树状化聚合物等）、天然高分子（多糖、蛋白质、多肽）及胶体粒子等在溶液中实现自组装，依赖于分子间的弱相互作用，如静电相互作用、氢键、配位键、范德华力、亲水-疏水作用、电荷转移、π-π相互作用等。这些相互作用在超分子体系中，更多地体现出其独特的加和性与协同性，并在适当条件下体现出一定的方向性和选择性，它们总的相互作用不亚于化学键。比如，嵌段聚合物在一定条件下可自组装成形态多样的胶束、囊泡、纳米微球（线、棒、管），并与微囊等形成特殊结构的聚集体，这些材料具备特定结构和功能，可应用于光学、电子、光电转换、信息、生物、医学等领域。

在生命体中，将金属卟啉（配合物）与蛋白质等生物高分子结合与组装，得到生物高分子结合体，如具有光合作用的叶绿素、具有输氧功能的血红素及具有催化作用的氧化酶。模拟这类自组装模式，可将卟啉与高分子结合，所制备的卟啉与高分子结合体可用于人工光合成、人工氧载体、人工酶及光动力治疗等诸多领域。

本实验将难溶性的锌卟啉（ZnTpHPP）与牛血清白蛋白（BSA）结合，制得一类新型水溶性生物高分子金属卟啉配合物（ZnTpHPP-BSA）。

（3）试剂与仪器

本实验用到的试剂有：中位-四（4-羟基苯基）卟啉配体（H_2TpHPP）、乙酸锌、牛血清白蛋白（BSA，M_w=67000，AR）、*N,N*-二甲基甲酰胺（DMF）、三乙醇胺（TEOA）、甲基紫精（MV^{2+}）、无水乙醇、蒸馏水、磷酸盐缓冲液［PBS:（PO_4^{3-} = 0.01mol/L）、pH 7.4］、中性硅胶柱（200～300 目）。

本实验用到的仪器有：圆底烧瓶（250mL）、三颈烧瓶、冷凝装置、搅拌装置、油浴装置、冷却浴装置、烧杯（100mL、1000mL）、温度计（200℃），过滤装置、柱状具盖瓶（结合瓶，10mL）、透析袋（截留分子量 3500D，使用前需处理）、旋转蒸发仪、摇床、真空干燥箱、紫外-可见分光光度计（UV-Vis）、电泳仪、圆二色光谱仪（CD）、荧光光谱仪、天平。

（4）实验步骤

① 锌卟啉配合物（ZnTpHPP）的合成。在 250mL 三颈烧瓶上装配冷凝装置、搅拌装置、加热浴装置，加入 0.678g（0.001mol）H_2TpHPP 和 30mL DMF，搅拌溶解。另取 1.10g（0.005mol）乙酸锌溶于 20mL DMF 中，加入上述三颈烧瓶中，加热回流 45min，冷却，加入 2 倍体积的冷水，冰水浴过夜，抽滤，得紫色晶体，旋干，40℃真空干燥 5h，得锌卟啉配合物（ZnTpHPP），计算产量（产率）。

② 锌卟啉-蛋白质结合体（ZnTpHPP-BSA）的合成

a．取 0.335g BSA 溶于 5mL PBS 缓冲溶液中，配制 BSA/PBS 溶液（[BSA]=1mmol/L），0～10℃保存。另取 9.3mg ZnTpHPP 溶入 5mL 乙醇（EtOH）中，得到 ZnTpHPP/EtOH 溶液（[ZnTpHPP]=2.5mmol/L）。

b．取 0.5mL BSA/PBS 溶液到结合瓶中，加入 2.5mL PBS 溶液后，缓慢加入 1mL ZnTpHPP/EtOH 溶液（摩尔比：BSA∶ZnTpHPP=1∶5）。在黑暗中缓慢振荡 12h 后取 3mL 混合物移入透析袋中，用 500mL PBS 溶液进行透析除去乙醇，控温在 0～10℃，更换 PBS 两次。得到白蛋白结合锌卟啉（ZnTpHPP-BSA）溶液，计算 BSA 与 ZnTpHPP 浓度。

③ 锌卟啉-蛋白质结合体的表征与性能

a. 通过UV-Vis、CD、非变性聚丙烯酰胺凝胶电泳（Native-PAGE）对锌卟啉-蛋白质结合体的结构进行表征。

b. ZnTpHPP-BSA的光敏性：以TEOA为还原剂，以ZnTpHPP-BSA为光敏剂，采用荧光法考察甲基紫精（MV^{2+}）对ZnTpHPP-BSA的荧光猝灭及二者之间的电子转移情况。

（5）实验数据记录

实验名称：组装法合成水溶性高分子光敏材料

姓名：______ 班级组别：______ 同组实验者：________

实验日期：____年___月___日 室温：____℃ 湿度：______ 评分：____

（一）锌卟啉配合物（ZnTpHPP）的合成

条件：

产物形状：______ 产量：（产率：____%）

（二）锌卟啉-蛋白质结合体（ZnTpHPP-BSA）的合成

条件：

产物状态与体积：________ BSA与ZnTpHPP浓度：________

（三）锌卟啉-蛋白质结合体的表征与性能

UV-Vis、CD、Native-PAGE数据：

ZnTpHPP-BSA的光敏性：

（6）问题与讨论

① 卟啉配体与锌配合物（ZnTpHPP）溶解性有何不同？

② 卟啉配合物在UV-Vis谱图中有何特征峰？

③ 查阅文献，总结ZnTpHPP-BSA的其他功能。

3.3.3 纤维素区位选择接枝聚合物的合成实验

（1）实验目的

① 学习纤维素区位选择接枝技术；学习纤维素接枝聚合技术。

② 熟悉原子转移自由基聚合（ATRP）技术；学习多糖类天然高分子的保护与脱保护技术。

（2）实验原理与相关知识

纤维素有优良的可再生性与生物循环性，因而被认为是世界上最有潜力的“绿色”材料之一。纤维素本身具有无毒无害、价格便宜、产量巨大的特点。但其自身也有熔点高、分解温度较低、溶解性差的缺点。通过接枝聚合，引入不同类型聚合物链，改善纤维素的不利因素，也可赋予其刺激（如温度、酸度、光、氧化还原）响应性；所制备的纤维素接枝共聚物也可以进一步进行自组装成胶束、微囊等聚集体，能够广泛应用。

纤维素接枝聚合物的合成方法，主要有以下几种。

① 在引发剂（辐射）引发下，乙烯基单体聚合，典型引发剂有氧化还原引发剂，如硝酸铈铵、硫酸铈铁、硫酸铈（Ⅳ）、芬顿试剂（Fe^{2+}/H_2O_2）、乙酰丙酮钴（Ⅲ）配合物、Co（Ⅱ）-KS_2O_8，Na_2SO_3-$(NH_4)_2S_2O_8$ 等；还有自由基产生剂，如偶氮二异丁腈（AIBN）、$K_2S_2O_8$（KPS）、$(NH_4)_2S_2O_8$（APS）、过氧化苯甲酰（BPO）等。其中氧化还原引发体系可在较低温度下进行，反应主要发生在纤维素的非晶区域。目前提出的聚合反应机理有数种：一是纤维素侧链羟基（Cell—OH）生成氧自由基（Cell—O·），从而开始链增长，并认为在（2-,3-,6-）三种羟基中，活性依次为6-OH＞2-OH＞3-OH。因此，产物为混合物；二是氧化剂（Ce^{4+}）将 C_2-C_3 键断裂，生成 C_2 自由基，并开始链增长。

② 非乙烯基单体与功能侧基发生反应，如开环聚合（图3-14）。

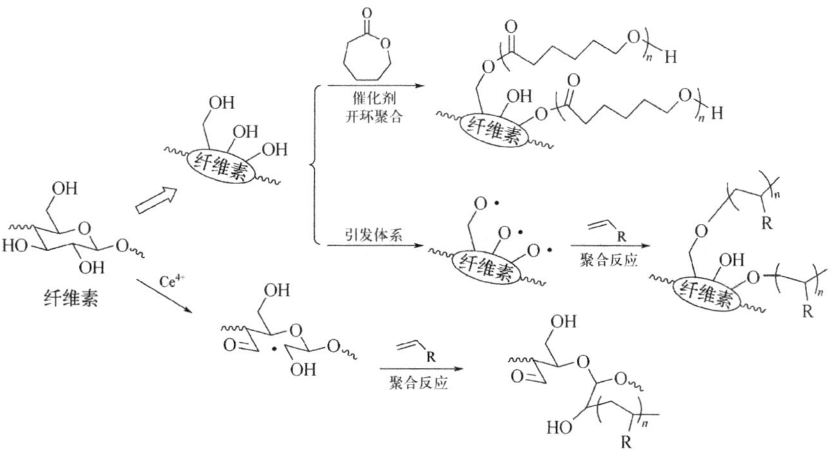

图3-14　纤维素接枝聚合反应

③ 乙烯基单体可通过可控聚合方式进行接枝聚合，其中，ATRP是一种较为成熟的方法，(甲基）丙烯酸甲酯、丙烯酸丁酯、甲基丙烯酸羟乙酯等单体已经成功接枝聚合于纤维素侧基。利用纤维素的空间位阻效应与不同羟基的反应活性，可实现区位选择性接枝聚合，典型反应见图3-15。首先，将纤维素（Cell）侧链羟基中的6-OH选择性地与4-甲氧基三苯基氯甲烷（MT-Cl）反应，剩余羟基（2-OH、3-OH）进行甲基化改性，然后脱保护，使6-OH游离，进一步与2-溴异丁酰溴（BrTBr）反应，引入C-Br，最后采用ATRP反应，将*N*-异丙基丙烯酰胺（NIPAm）接枝聚合。通过中间体（C-TBr)，不但可以区位选择性地将聚合物链接枝于C_6，还可将不同类型聚合物接枝于纤维素。

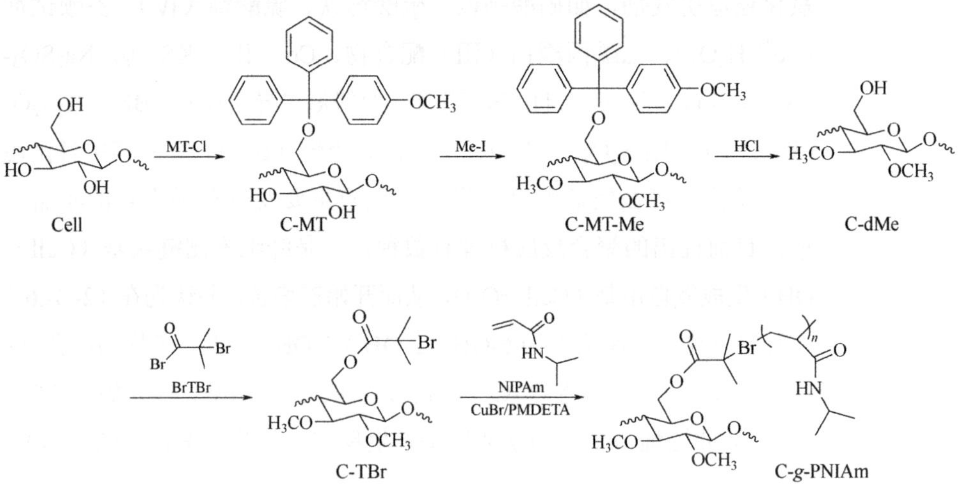

图3-15　纤维素区位选择接枝聚合反应

（3）试剂与仪器

本实验用到的试剂有：脱乙酰化纤维素（分子量为30000D，真空干燥)、无水*N,N*-二甲基乙酰胺（DMAc)、LiCl、无水吡啶、4-甲氧基三苯基氯甲烷（MT-Cl)、二甲亚砜（DMSO)、粉末状NaOH、碘甲烷、2-溴异丁酰溴（BrTBr)、CuBr、*N*-异丙基丙烯酰胺（NIPAM)、脱氧气的*N,N*-二甲基甲酰胺（DMF)、脱氧气的蒸馏水、浓盐酸、四氢呋喃（THF)、甲醇、丙酮、蒸馏水。

本实验用到的仪器有：三颈烧瓶（500mL)、冷凝装置、搅拌装置、油浴装置、冷却浴装置、氮气通入装置、烧杯（1000mL、500mL)、舒伦克瓶（50mL）、滴液漏斗、温度计（200℃）、抽气装置、冷冻装置、样品瓶、核磁共振波谱仪（NMR）、红外光谱仪（IR）、热重分析仪（TGA）、元素分析仪、差示扫描量热仪（DSC）、天平。

（4）实验步骤

① 纤维素选择接枝4-甲氧基三苯甲基（C-MT）。在500mL三颈烧瓶上装配冷凝装置、搅拌与氮气通入装置、油浴装置，将10.0g纤维素悬浮于200mL无水*N,N*-二甲基乙酰胺，升温至120℃，搅拌2h。生成浆状体，降温至100℃，加入15.0g（353.9mmol）LiCl，搅拌15min。然后将混合物冷却至室温，搅拌过夜，得到无色黏稠状溶液。在溶液中加入22.5mL（278.2mmol）无水吡啶、57.5g（186.2mmol）4-甲氧基三苯基氯甲烷，将溶液加热到70℃，并在氮气气氛下搅拌4h。将反应混合物降至室温后慢慢倾入1.0L甲醇中，使产物析出，过滤，得到粗产物。将粗产物用200mL *N,N*-二甲基甲酰胺溶解，然后在甲醇中再次沉淀，得到白色粉末状产物，即6-*O*-(4-甲氧基三苯甲基)纤维素。

② 甲基化改性纤维素接枝4-甲氧基三苯甲基（C-MT-Me）。在500mL三颈烧瓶上装配冷凝装置、搅拌装置、油浴装置，取8.7g（20mmol）6-*O*-（4-甲氧基三苯甲基）纤维素溶于250mL二甲亚砜，70℃搅拌2h，冷却至室温，将20.0g（500mmol）粉末状NaOH分散于溶液中。将16.6mL（267mmol）碘甲烷（Me-I）慢慢逐滴加入，然后将溶液在室温下搅拌24h。再次加入2.8mL（45mmol）碘甲烷，并在室温下搅拌2天。产物倾入500mL甲醇中，过滤，用甲醇洗涤，得到6-*O*-（4-甲氧基三苯甲基）-2,3-二甲基纤维素。

③ 脱保护合成纤维素接枝二甲基（C-dMe）。在1000mL烧杯中，将4.5g（9.7mmol）C-MT-Me溶于390mL四氢呋喃中，室温下滴加19.8mL浓盐酸，并继续在室温下搅拌5h，产物用丙酮沉淀，过滤，并用丙酮洗涤，40℃真空干燥，得到2,3-二-*O*-甲基纤维素（C-dMe）。

④ 纤维素接枝溴异丁基（C-TBr）。在100mL三颈烧瓶上装配冷凝装置与干燥管、滴液漏斗、搅拌装置、冷却浴装置，将1.2g（6.3mmol）2,3-二-*O*-甲基纤维素溶于12.5mL无水*N,N*-二甲基乙酰胺和10.6mL无水吡啶混合溶液中，冰浴冷却，慢慢逐滴加入29.0mL（126mmol）2-溴异丁酰溴（BrTBr），混合液在室温下搅拌反应过夜。产物用乙醇

沉淀、过滤，并用乙醇洗涤。粗品用 THF 溶解，乙醇再次沉淀，得到纤维素接枝溴异丁基（C-TBr）。

⑤ 纤维素接枝聚合物（C-*g*-PNIPAm）的合成

a. Cu^{1}-PMDETA 配合物溶液的制备：在舒伦克瓶（50mL）中，加入 CuBr，密闭，抽气-反充 N_2，循环 4 次。加入 2.0mL 脱氧气的水、*N,N,N',N',N''*-五甲基二亚乙基三胺（PMDETA），生成 Cu^{1}-PMDETA 配合物［CuBr∶PMDETA（摩尔比）为 1∶1］，然后采用“冷冻-抽气-解冻”循环 4 次让体系脱气，得到 Cu^{1}-PMDETA 配合物溶液。

b. 在舒伦克瓶（50mL）中，加入大分子引发剂纤维素接枝溴异丁基和 *N*-异丙基丙烯酰胺，烧瓶脱气，N_2 清扫后，加入 4.0mL 脱氧气的 *N,N*-二甲基甲酰胺。当 C-TBr 和 NIPAm 溶解后，混合物再次采用“冷冻-抽气-解冻”循环 4 次让体系脱气。脱气溶液在室温下搅拌，慢慢加入 1.0mL 新鲜制备的 Cu^{1}-PMDETA 配合物溶液[单体 NIPAM∶大分子引发剂 C-TBr∶Cu^{1}-PMDETA 配合物(物质的量之比)为 200∶1∶2 或 400∶1∶4]，聚合反应 12h，产物用热的蒸馏水沉淀，过滤，并用热水洗涤，真空干燥，粗产物溶于 THF，热水再沉淀，50℃真空干燥，得到纤维素接枝聚合物（C-*g*-PNIPAM）。

⑥ 纤维素接枝聚合物（C-*g*-PNIPAM）及其中间体的表征与性能

a. 通过 NMR、元素分析、红外光谱、TGA 对纤维素接枝聚合物及其中间体进行结构表征。

b. 通过 DSC 分析 C-*g*-PNIPAM 在 30～40℃的相变现象。

c. 配制 C-*g*-PNIPAM 水溶液，观察其在室温（25℃）状态及逐步加热过程中（直至 50℃）的状态。

（5）实验数据记录

实验名称：纤维素区位选择接枝聚合物的合成

姓名：______ 班级组别：______ 同组实验者：________

实验日期：____年___月___日 室温：____℃ 湿度：______

（一）纤维素选择接枝 4-甲氧基三苯甲基（C-MT）

条件：

产物形状：______ 产量：______ （产率：______）

（二）甲基化改性

条件：

产物形状：______ 产量：______ （产率：______）

（三）脱保护

条件：

产物形状：______ 产量：______ （产率：______）

（四）纤维素接枝溴异丁基（C-TBr）

条件：

产物形状：______ 产量：______ （产率：______）

（六）纤维素接枝聚合物（C-*g*-PNIPAM）及其中间体的表征与性能

表征数据：

温敏性现象：

（6）问题与讨论

① 纤维素难溶于一般的溶剂。研究表明，能使纤维素溶解或充分分散的溶剂有 NMO（*N*-甲基吗啉氧化物）、铜氨溶液、DMAc/LiCl、离子液体等，请解释原因。

② 纤维素接枝共聚物具有刚性的六元糖环骨架及线型侧链，是一种典型的梳形聚合物。其拓扑结构与形态特点有单接枝、双接枝、接枝嵌段、蜈蚣、树枝等类型。请查阅资料，绘制这些结构。

③ 甲基纤维素、聚 *N*-异丙基丙烯酰胺（PNIPAM）都是水溶性高分子，但产物纤维素接枝聚合物（C-*g*-PNIPAM）不溶于水，分析原因。

④ 查阅资料，总结纤维素接枝聚合物主要合成方法，并了解其溶解性能。

3.3.4 乙酰化改性合成乙酸纤维素实验

（1）实验目的

① 加深对聚合物化学反应原理的理解。

② 掌握乙酸纤维素的合成技术。

（2）实验原理与相关知识

葡萄糖（D-Glu）是一个六碳糖，其第 5 个碳原子上的羟基与醛基形成半缩醛，产生两种构型，即 β-葡萄糖（β-D-Glu）和 α-葡萄糖（α-D-Glu）。其中，β-葡萄糖最稳定。葡萄糖构成了两类重要的天然高分子，即纤维素与淀粉。由 β-葡萄糖分子间通过 1,4-糖苷键缩合而成的纤维素，是大自然在长期的进化过程中筛选出来的最稳定多糖类化合物。淀粉的结构单元则是 α-葡萄糖。D-葡萄糖链式结构、环式结构及与淀粉、纤维素的关系见图 3-16。

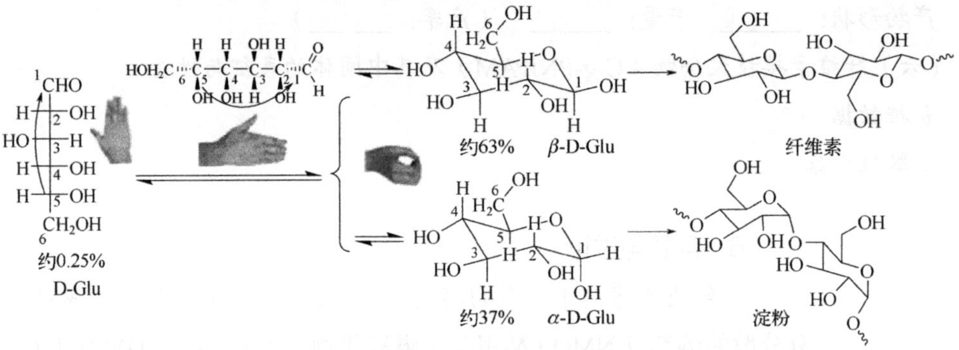

约0.25%
D-Glu
约63% β-D-Glu
纤维素
约37% α-D-Glu
淀粉

图 3-16 D-葡萄糖链式结构、环式结构及与淀粉、纤维素的关系

纤维素高分子链上有大量羟基（—OH），链之间容易生成氢键，使高分子链间有很强作用力，从而不溶于有机溶剂，加热亦难熔化，从而限制了其应用。难溶于有机溶剂的纤维素，若通过羟基乙酰化改性（图 3-17），减少高分子链间氢键作用，可使它溶于丙酮或其他有机溶剂，从而扩展其应用范围。由于纤维素中的葡萄糖单元上有三个羟基，乙酸纤维素（CA）的结构与性质因其乙酰基含量的不同而有较大差异：纤维素结构单元的每个羟基若都乙酰化则是三乙酸纤维素，它溶于二氯甲烷和甲醇混合溶剂，不溶于丙酮；若平均 2.5 个羟基乙酰化，产物就是常见的乙酸纤维素，溶于丙酮，用处最大。

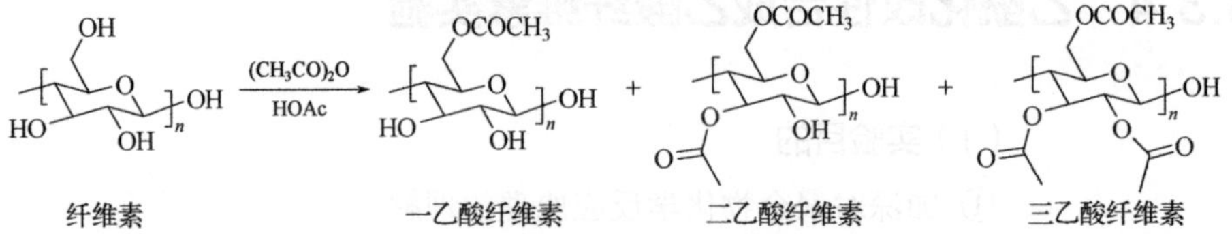

$(CH_3CO)_2O$ / HOAc
纤维素 一乙酸纤维素 二乙酸纤维素 三乙酸纤维素

图 3-17 乙酸纤维素的乙酰化改性

本实验以乙酸酐为乙酰化试剂，乙酸为催化剂，合成乙酸纤维素。

（3）试剂与仪器

本实验用到的试剂有：脱脂棉、乙酸酐、冰醋酸、乙酸溶液（80%）、浓硫酸、丙酮、苯、甲醇、水。

本实验用到的仪器有：烧杯（100mL）、培养皿（或表面皿）、玻璃棒、吸滤瓶、布氏漏斗、水浴锅、温度计、天平、移液管。

（4）实验步骤

① 纤维素的乙酰化改性。将2.5g脱脂棉放入烧杯（100mL）中，加入17.5mL冰醋酸、12.5mL乙酸酐，将棉花浸润后滴加0.1mL（2～3滴）浓硫酸。盖上培养皿（或表面皿），于50℃水浴加热。每隔15min用玻璃棒搅拌，使纤维素酰基化。约1.5～2h后，反应物成均相糊状物，说明棉花纤维素的羟基均被乙酸酐酰化，用它分离出三乙酸纤维素和制备二乙酸纤维。

② 三乙酸纤维素的分离。取上述糊状物的一半倒入另一烧杯，加热至60℃，搅拌下，慢慢加入6.3mL已预热至60℃的乙酸溶液（80%），以破坏过量的乙酸酐（不要加太快，以免三乙酸纤维沉淀出来）。保持此温度（60℃）15min，搅拌下慢慢加入6.3mL水，再以较快速度加入50mL水，松散的白色三乙酸纤维素即沉淀出来。抽滤，滤出的三乙酸纤维素分散于75mL水中，倾去上层水，并反复洗至中性。再滤出三乙酸纤维素，用瓶盖将水压干，于105℃干燥，称重。

三乙酸纤维素产物溶于二氯甲烷-甲醇混合溶剂（9∶1，体积比）中，不溶于丙酮及沸腾的苯-甲醇混合溶剂（1∶1，体积比）中。

③ 二乙酸纤维素的分离。将另一半糊状物加热至60℃。准备12.5mL乙酸溶液（80%），加入0.035mL（1～2滴）浓硫酸，预热至60℃。在搅拌下慢慢倒入糊状物，于80℃水浴加热2h，使三乙酸纤维素部分水解。之后的加水、洗涤、抽滤等操作与三乙酸纤维素制备相同，得到二乙酸纤维素。

二乙酸纤维素产物溶于丙酮及1∶1苯-甲醇混合溶剂。

（5）实验数据记录

实验名称：乙酰化改性合成乙酸纤维素

姓名：______ 班级组别：______ 同组实验者：________

实验日期：____年___月___日 室温：____℃ 湿度：______ 评分：____

（一）纤维素的乙酰化

脱脂棉：____g 冰醋酸：____mL 浓硫酸：____mL 温度：____℃

乙酸酐：____mL

（二）三乙酸纤维素的分离

三乙酸纤维素：____g

（三）二乙酸纤维素的分离

二乙酸纤维素：____g

（6）问题与讨论

① 乙酸纤维素最早用作照相胶片的片基，它还有哪些用途？

② 计算本实验的产率，并列出溶解度实验结果。

第4章

高分子材料合成创新研究

高分子材料的合成是一门系统科学，不仅涉及无机化学、有机化学、高分子化学等基本知识，其结构确认和性能表征还涉及物理化学、分析化学和高分子物理的相关知识。高分子材料合成创新，不仅能进一步完善高分子材料的合成方法，提升高分子合成材料的性能，还可以推动高分子材料合成技术的进一步发展。

4.1 涂料高分子材料合成

4.1.1 涂料与涂料高分子材料

涂料是一种材料，这种材料可以用不同的施工工艺涂覆在物件表面，形成黏附牢固、具有一定强度、连续的固态薄膜。因早期的涂料大多以天然油脂、树脂（如桐油、松香、生漆等）为主要原料，故又称“油漆”。涂料的应用非常广泛，根据用途，主要有建筑涂料、木器涂料、汽车涂料、船舶涂料、铁道涂料、航空涂料、预涂卷材涂料、电泳涂料、地坪涂料、塑料涂料等；根据功能，主要有防腐蚀涂料、防火涂料、绝缘涂料等。

涂料的主要成分为成膜物质、颜料、溶剂和助剂。其中，成膜物质是决定涂膜性能的主要因素。

涂料属于有机化工高分子材料，所形成的涂膜属于高分子化合物类型。按照现代通行的化工产品的分类，涂料属于精细化工产品。现代的涂料正在逐步成为一类多功能性的工程材料，是化学工业中的一个重要行业。涂料主要有保护、装饰、掩饰产品缺陷和其他特殊功能（绝缘、防锈、防霉、耐热等），具有提升产品价值等作用。

进入 20 世纪后，随着高分子化学的建立与发展，涂料进入合成树脂时代，各种高分子化合物研制成功并投入使用，相继出现了以丙烯酸树脂、环氧树脂、氨基树脂、硝基树脂、聚酯、聚氨酯、有机硅树脂、氟碳树脂等不同类型高分子为成膜物质的功能涂料。

在 20 世纪末期，环境保护备受人们关注，涂料朝着节能、省资源、无污染的方向发展，水性涂料、粉末涂料、高固体分涂料及辐射固化涂料等环保涂料相继出现。进入 21 世纪，功能与智能材料异军突起，并向各行业渗透，智能涂料也受到广泛关注。研制涂料的出发点也不仅仅限于保护性、装饰性，而是逐步朝着生态、功能与智能方向发展。

由于绝大部分成膜物质为高分子化合物，是决定涂膜性能的主要因素，因此，涂料的功能化与智能化首先应从制备功能化或刺激/响应性高分子材料入手。

4.1.2 涂料高分子材料的合成测试

（1）丙烯酸酯共聚物乳液的合成

①实验目的

a. 熟悉乳液聚合的原理与技术；掌握丙烯酸酯共聚物乳液的设计、合成方法。

b. 学习丙烯酸树脂的改性思路与配方调整方案。

② 实验原理与相关知识。

在水性涂料中，丙烯酸酯共聚物应用最多，具有防腐、耐碱、耐水、成膜性好、保色性佳、低污染等优良性能，并且容易配成施工性良好的涂料，涂装工作环境好，使用安全。其广泛应用于防腐、内外墙、木器、纸品、路标等领域。

所谓丙烯酸树脂，就是由（甲基）丙烯酸酯、（甲基）丙烯酸及其他不同类型单体共聚得到的丙烯酸酯共聚物（图 4-1）。

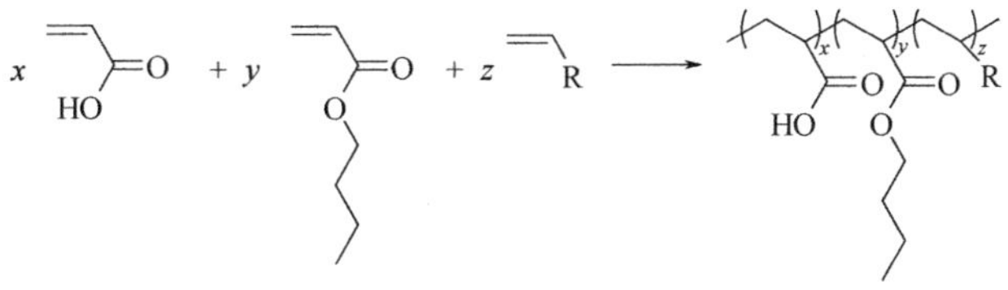

图 4-1 丙烯酸树脂的分子示意图

按制备工艺，丙烯酸树脂可分为两类，即水稀释型丙烯酸树脂和丙烯酸树脂乳液。其中，丙烯酸树脂乳液最为常见，所制备的树脂乳液也称为胶乳或乳胶。单体结构决定了丙烯酸树脂的性能，因此，丙烯酸树脂配方的关键是单体的选择。此外，纯丙乳液性能最好，但价格较高，多用于高层建筑的外墙涂料。苯丙、乙丙乳液的成本较低，多用于内墙涂料。

引入硬单体苯乙烯的丙烯酸酯类乳液体系，称为苯乙烯-丙烯酸酯乳液（简称苯丙乳液），由于其具有较高的性价比，在胶黏剂、造纸施胶剂及涂料等领域应用广泛。苯丙乳液可通过增加特殊结构的单体，大幅度改善其性能与功能，如有机硅改性苯丙乳液明显提高其耐候性、保光性、弹性和耐久性等；氟改性苯丙乳液是一种集高端、创新、特色于一身的性能优异的涂料，享有“涂料王”的美称；环氧树脂改性苯丙乳液既具有环氧树脂高强度、耐腐蚀、附着力强的优点，又具有苯丙乳液的耐候性、光泽好等特点，其涂膜的硬度、耐污染性及耐水性优良；阳离子苯丙乳液不仅有利于带负电荷表面的中和、吸附和黏合，而且还具有杀菌、防尘和抗静电作用；功能性单体改性苯丙乳液进一步提高和完善了苯丙乳液的性能，研究日趋活跃，而对体系中功能性单体的研究是其中的热点之一。

本实验练习涂料用苯丙乳液、氟改性苯丙乳液的制备、表征，以及涂料用聚合物乳液性能测试技术。

③ 试剂与仪器

本实验用到的试剂有：丙烯酸正丁酯（BA）、丙烯酸（AA）、苯乙烯（St）、甲基丙烯酸六氟丁酯、壬基酚聚氧乙烯醚（OP-10）、十二烷基硫酸钠（SDS）、过硫酸铵（APS）、氨水、碳酸氢钠、乙二醇、四氢呋喃（THF）、蒸馏水。

本实验用到的仪器有：四颈烧瓶（250mL），球形冷凝管、滴液漏斗、水浴锅、电动搅拌器、载玻片、索氏提取器、烘箱、数显旋转式黏度计（BGD526），自动界面张力仪、纱布、最低成膜温度测定仪、Zeta电位及粒径分析仪、红外光谱仪、差示扫描量热仪、接触角测量仪。

④ 实验步骤

a．苯丙乳液的合成。在四颈烧瓶（250mL）上安装加热、搅拌装置，按照配方用量（表4-1），依次将SDS、OP-10、蒸馏水加入四颈烧瓶，搅拌溶解，加入适量碳酸氢钠，升温至60℃。将引发剂APS配成2%溶液，先加入1/2 APS溶液、15%（质量分数）的混合单体，加热慢速升温，温度控制在70～75℃。若无显著的放热反应，则逐步升温至80～82℃，将余下的混合单体缓慢且均匀滴加，同时滴加剩余引发剂（也可分3～4次加入），1.5～2h滴完，再保温1h。升温至85～90℃，保温0.5～1h。冷却，用氨水调节pH值为9～9.5。出料（若有沉淀时用纱布过滤），得到苯丙乳液。

表4-1 不同类型丙烯酸酯共聚物乳化配方

组分	纯丙乳液	乙丙乳液	苯丙乳液	氟改性苯丙乳液
丙烯酸丁酯（BA）/g	23	23	23	23
丙烯酸乙酯（EA）/g	23	—	—	—
丙烯酸（AA）/g	1	—	1	1
甲基丙烯酸（MAA）/g	—	2	—	—
苯乙烯（St）/g	—	—	23	23
乙酸乙烯酯/g	—	0.75	—	—
甲基丙烯酸六氟丁酯/g	—	—	—	3
APS（引发剂）/g	0.24	0.4	0.24	0.24

续表

组分	纯丙乳液	乙丙乳液	苯丙乳液	氟改性苯丙乳液
乳化剂/g	2.5（OP-10） 1（SDS）	3（OP-10） 1（SDS）	0.7（OP-10） 0.5（SDS）	0.7（OP-10） 0.5（SDS）
保护胶体/g	—	1（聚丙烯酸钠）	—	—
$NaHCO_3$（缓冲剂）/g	0.22	0.3	0.22	0.22
水（分散剂）/g	50	120	50	50

在操作这一步骤时要注意两点：一是可按照表 4-1 配方合成氟改性苯丙乳液；二是若几组同时实验，可用不同配方进行对比，注意观察不同配方合成的乳液性状，比较其性能。

b. 乳胶膜的制备。将乳液均匀地涂在载玻片上，晾干成膜（必要时在烘箱中烘干），得到共聚物乳胶膜。取下乳胶膜后在索氏提取器中用 THF 抽提 24h，得到纯化的高分子乳胶膜。其中，共聚物乳胶膜可用于测定玻璃化转变温度、接触角、吸水率；纯化的高分子乳胶膜可用于测定红外光谱。

c. 乳液性能测定与表征。稳定性测试：Ⅰ. 聚合稳定性。聚合过程中如果出现乳液分层、破乳，有粗粒子及凝聚现象发生，则视为不稳定。Ⅱ. 稀释稳定性。用水将乳液稀释到固体质量分数为 10%，密封静置 48h，观察乳液是否分层，如果不分层，表明乳液的稀释稳定性合格。Ⅲ. 储存稳定性。将一定量的乳液置于阴凉处密封，室温保存，定期观察乳液有无分层或沉淀现象，如无分层或沉淀，表明乳液具有储存稳定性。Ⅳ. 钙离子稳定性。取少量乳液与质量分数为 5% 的氯化钙溶液按质量比 1∶4 混合、摇匀，静置 48h 后观察乳液，如果不凝聚、不分层、不破乳，表明乳液的钙离子稳定性合格。

乳液黏度：用数显旋转式黏度计测定。

固体含量：按照 GB/T 1725—2007 方法测定。

吸水率：按 GB/T 1733—1993《漆膜耐水性测定法》测定。

乳液的界面张力的测定：用自动界面张力仪测定。

乳液 zeta 电位和乳液粒径测定：用 zeta 电位及粒径分析仪测定。

乳液最低成膜温度的测定：按照 GB/T 9267—2008，用最低成膜温度测定仪测定。

红外光谱分析：采用 FT-IR 分析纯化的高分子乳胶膜。

玻璃化转变温度（T_g）测定：用差示扫描量热仪（DSC）测定共聚物乳胶膜。

接触角的测定：将共聚物乳胶膜干燥后，用接触角测量仪测定乳胶膜与水的接触角。

⑤ 实验数据记录

实验名称：丙烯酸酯共聚物乳液的合成

姓名：______ 班级组别：______ 同组实验者：________

实验日期：____年___月___日 室温：____℃ 湿度：______ 评分：____

（一）乳液聚合配方与聚合条件

苯丙乳液配方：

丙烯酸丁酯（BA）：____g 丙烯酸（AA）：____g 苯乙烯（St）：____g

引发剂：____g 乳化剂：____g $NaHCO_3$：____g 水：____g

聚合条件：

氟改性苯丙乳液配方：

丙烯酸丁酯（BA）：____g 丙烯酸（AA）：____g 苯乙烯（St）：____g

甲基丙烯酸六氟丁酯：____g 引发剂：____g 乳化剂：____g $NaHCO_3$：____g

水：____g

聚合条件：

功能改性苯丙乳液配方：

聚合条件：

（二）丙烯酸酯共聚物结构表征

FT-IR 数据：________ T_g：________ 接触角：________ 粒径：________

（三）共聚物乳液性能

参照实验步骤 c. 设计与记录。

⑥ 问题与讨论

a. 为何要将乳化剂 SDS 与 OP-10 复合使用？碳酸氢钠在本实验中有何作用？

b. 进行乳液聚合时为什么要严格控制反应温度和时间？

c．总结制备涂料用丙烯酸酯共聚物乳液中的关键因素。

d．查阅资料，总结制备功能性苯丙乳液的方法与技术。比较改性后苯丙乳液的性质。

（2）无皂双亲性丙烯酸酯共聚物乳液及调湿涂料的制备实验

① 实验目的

a．学习涂料用双亲性高分子的合成；熟悉功能水性涂料的制备技术。

b．学习水性涂料与涂膜（漆膜）性能的测试方法；了解功能涂料发展方向。

② 实验原理与相关知识

在人们的生活和生产中，空气湿度是一个重要的环境参数。过高和过低的湿度都会对人体、建筑物及生产过程造成不同程度的损伤。当室内相对湿度（RH）过低时（RH＜30%），人体会出现皮肤干裂、嗓子干哑、眼睛干涩等不良反应。同时，过低的湿度还有可能产生静电。湿度过大时（RH＞70%），会加快霉菌的生长，从而影响食品的加工和保存；引起金属表面锈蚀，导致电器绝缘性能下降；造成盥洗室、卫生间壁面出现结露现象，严重时会引起墙体涂料的脱落，影响美观及房屋的能耗和使用寿命；人体也会感到呼吸不舒服，甚至出现过敏反应。

随着科技发展，人们生活水平提高，人们对居住条件的安全性、舒适性的要求也越来越高。室内热湿环境作为影响居住条件舒适性的一个关键因素，已经受到人们一定的关注。调湿涂料是具有吸、放湿特性的功能涂料，其吸-放湿机理如图 4-2。

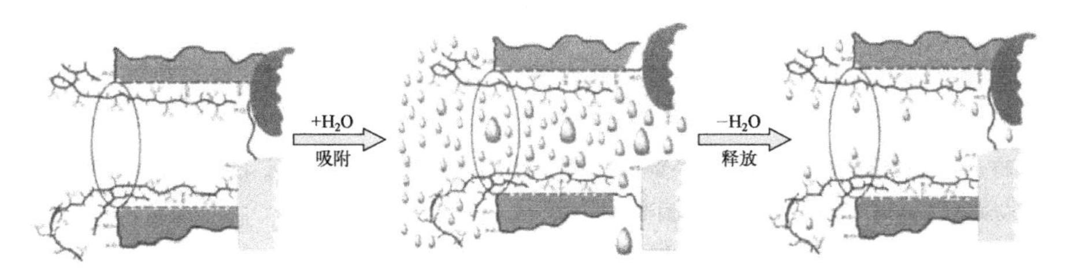

图 4-2　吸-放湿机理示意图

调湿涂料相比一般的调湿材料来说，能有效利用室内空间，又不占用室内空间，因此具有广阔的市场利用前景。

本实验首先合成无皂双亲性丙烯酸共聚物乳液（EF-AAC），然后制备内墙用水性调湿涂料，并测试其调湿性能。

③ 试剂与仪器

本实验用到的试剂有：丙烯酸丁酯（BA）、甲基丙烯酸甲酯（MMA）、丙烯酸（AA）、甲基丙烯酸-β-羟丙酯（HPMA）、己二酸二酰肼（ADH）、过硫酸钾（KPS）、$NaHCO_3$、消泡剂（3016号）、硅藻土（CD02、CD05）、钛白粉、滑石粉、蒙脱土、高岭土、膨润土、马口铁片、玻璃板、氨水、蒸馏水。

本实验用到的仪器有：三颈烧瓶（250mL）、冷凝管、滴液漏斗、天平、温度计、电动搅拌器、水浴装置、烧杯、高速分散机（BGD740/1），电动漆膜附着力测定仪（BGD155/2）、涂料耐洗刷仪（BGD526）、调湿测试箱（42L）、温湿度自动记录仪（S500）、滤纸。

④ 实验步骤

a．无皂双亲性丙烯酸共聚物乳液（EF-AAC）制备。在装有电动搅拌器、温度计、冷凝管和滴液漏斗的三颈烧瓶中加入部分蒸馏水，将$NaHCO_3$溶解于水中，升温至85℃。取1/3 KPS（1%，质量分数）水溶液加入三颈烧瓶中。按配方量称取单体（AA、MMA、BA、HPMA），混合后加入滴液漏斗，再取1/3 KPS水溶液加入另一滴液漏斗，和混合单体同时滴加，约4h滴完，中途再添加一次KPS水溶液，然后在此温度下保持反应2h后，降温至50℃，用氨水调节pH=7～8，100目筛过滤，封装，编号，即得到EF-AAC乳液。

b．水性调湿涂料制备。称取配方量的颜料分散于144g水中，然后按配方量添加24g无皂双亲性丙烯酸共聚物乳液（EF-AAC）和交联剂（ADH）。搅拌均匀后，在高速分散机上安装1号转子（直径5cm）对混合液进行搅拌，转速1000r/min，分散30min后，换3号转子（直径5cm，塑料转子），将转速调至200r/min，分散10min后，慢慢加入消泡剂，搅拌20min。用10%的氨水调节pH 7～8，测黏度、固体分，200目筛过滤，封装，出料，即得无皂双亲丙烯酸酯乳液调湿涂料（EF-AAC-C）。

c．涂料调湿功能测试。将配制好的涂料涂刷于玻璃板和水泥板上，并干燥成膜。准确称量空白玻璃板、涂刷后的湿涂膜玻璃板和干涂膜玻璃板的质量。

增湿性能。首先，将 6 块涂覆有功能涂料的水泥板浸入蒸馏水中，保持 30min 左右，使其吸水饱和，得到吸水涂料板，并称其吸水前后的质量。其次，测试并记录调湿测试箱内起始空气温度和湿度。然后，把 6 块吸水饱和的涂料板放入调湿箱内，定时测定箱内温湿度的变化，作增湿曲线。

降湿性能。先将盛水的表面皿或烧杯放入调湿箱，关闭箱门，将调湿箱内的空气相对湿度（RH）调至 90%以上，并稳定一段时间。记录起始温湿度，然后把 6 块已称重的干燥涂料板（水泥板）放入箱内，定时测定箱内温湿度的变化，作降湿曲线图，即湿度随时间变化曲线。

吸水率。按 HG/T 3856—2006 规定，首先在玻璃板表面涂刷功能涂料，并准确称量玻璃板在涂刷涂料前后的质量。然后，将涂有涂料的玻璃板放入烘箱，在 100℃下烘至恒重，取出，浸入（25±1）℃的蒸馏水中，48h 后取出，迅速用滤纸吸干涂膜表面水分，称量，吸水率（ΔM）按下式计算：

$$\Delta M = \frac{M_2 - M_1}{M_1 - M_0} \times 100\% \tag{4-1}$$

式中，M_0 为玻璃板的质量，g；M_1 为玻璃板＋干燥后的涂膜的质量，g；M_2 为玻璃板＋吸水后的涂膜的质量，g。

放水性。将吸水饱和后的涂层试板从水中取出，迅速用滤纸吸干涂膜表面水分，立即称量。然后，放置在温度（23±2）℃、湿度（40±5）%的环境中，定时测定失水后质量，并作释水曲线图。

⑤实验数据记录

实验名称：无皂双亲性丙烯酸酯共聚物乳液及调湿涂料的制备

姓名：______ 班级组别：______ 同组实验者：________

实验日期：____年___月___日 室温：____℃ 湿度：______ 评分：____

（一）无皂双亲性丙烯酸酯共聚物乳液及调湿涂料主要参数

制备共聚物乳液主要参数：

制备调湿涂料主要参数：

（二）水性涂料调湿功能

绘制调湿箱中湿度随时间的变化曲线

⑥ 问题与讨论

a. 查阅调湿涂料相关资料，总结制备调湿涂料的主要方法。

b. 查阅资料，总结用于制备水敏感涂料（调湿涂料）的乳液有哪些类型。

c. 在资料调研的基础上，设计用于制备调湿涂料的新型聚合物体系。

4.2 能源高分子材料的合成

4.2.1 能源高分子材料

在当前社会，存在大量消耗不可再生石化燃料的问题，且这一问题带来严重的能源与环境问题。将可再生能源转换成清洁、高效的电能并有效存储和利用是缓解当前能源问题的有效途径。随着新能源工业的发展，具有光、电、磁等特性的高分子材料（尤其是导电高分子）越来越多地用于研制各类新能源材料和器件，如太阳能电池的聚合物基活性材料、燃料电池的固体高分子交换膜、锂离子电池的电极材料和固体聚合物电解质，以及超级电容器所用的电极材料和聚合物凝胶电解质等。目前，能源高分子材料主要应用于以下几个领域。

（1）光电转换高分子太阳能电池

高分子材料在太阳能电池上的应用包括作为给体材料（如聚噻吩衍生物、聚芴等）、受体材料（如芳杂环类聚合物和梯形聚合物等）、空穴传输层材料及柔性电极。目前，高分子太阳能电池的研究包括：设计合成给-受体型共轭嵌段高分子，使其能形成PN异质结；设计合成具有二维结构共轭高分子，其主链和侧链分别吸收不同波长的太阳能而拓宽吸收，提高太阳能利用率。

（2）化学能转换电能燃料电池

燃料电池是一种电化学装置，组成与一般电池相同，但燃料电池的正、负极本身不包含活性材料，只是催化转换元件，把化学能转换成电能。聚合物离子交换膜是聚合物电解质燃料电池的核心部件，起传导离子的作用，并作为阴极和阳极之间的隔膜。根据其传导离子性质的不同，可分为聚合物质子交换膜（传导质子）和聚合物阴离子交换膜（传导氢氧根离子）。目前，广泛使用的聚合物质子交换膜主要是美国杜邦公司 C—F 链的全氟聚合物（即全氟磺酸型 Nafion 膜）和美国 Dow 公司的 Dow 膜等；聚合物阴离子交换膜主要是 Tokuyama 公司的 AHA（由四烷基季铵基团接枝在聚乙烯主链上构成的阴离子交换膜）、A-006 和 AMX 等系列。一些新型的聚合物，如磺化聚醚醚酮、磺化聚芳醚、磺化聚酰亚胺、聚苯并咪唑等，作为质子交换膜，表现出了较高的质子传导率和良好的性能。人们还开发了聚醚酮和聚醚砜型阴离子交换膜、交联型聚芳醚基阴离子交换膜等。

（3）能源存储聚合物锂离子电池

应用于聚合物锂离子电池的高分子材料主要有三类：第一类是采用导电聚合物作为正极材料，其储电能力是现有锂离子电池的 3 倍；第二类是固体聚合物电解质锂离子电池；第三类是凝胶聚合物电解质锂离子电池，在固体聚合物电解质中加入增塑剂等添加剂，从而可产生柔性化和高离子电导率的特征。此外，高分子材料也可用于锂离子电池的密封材料、隔膜材料、壳体材料以及大量的电池零件（如电池盖、垫片、密封圈、保护套等）。

（4）能源存储聚合物基超级电容器

超级电容器结合了传统静电电容器高的功率密度和电池高的能量储存特性，是一种新型储能器件。应用于超级电容器的高分子材料主要有三类：第一类是采用导电聚合物（聚苯胺、聚吡咯、聚噻吩等）及其衍生物作为正或负极材料，其储存电荷能力是当前商业碳基超级电容器的 5～10 倍。第二类是聚合物衍生碳基电极材料的超级电容器，如以生物质高分子或合成聚合物为前驱体，经过高温处理制备其相应的碳基电极材料。第三类是凝胶聚合物电解质超级电容器，向聚乙烯醇等水溶性聚合物中加入无机电解质（KOH、H_2PO_4、H_2SO_4），制备形成凝胶化高分子。基于聚合物凝胶的柔韧性和强力学性能，实现其高离子电导率和器件柔性化、可拉伸化等的优势。

4.2.2 能源高分子材料的合成测试

（1）聚吡咯的合成与导电性能

① 实验目的

a. 掌握化学氧化聚合法和电化学聚合法制备聚吡咯的方法。

b. 学习聚吡咯导电性能的测定方法，了解共轭高分子导电机理。

② 实验原理与相关知识

电导率（σ）在半导体和导体范围内的聚合物，便是导电高分子。其电导率一般在 10^{-6}S/m 以上。导电高分子按结构与组成，可分为两个类，即结构（本征）型与复合型。其中，结构型导电高分子本身具有导电性，由聚合物结构提供导电载流子（包括离子、电子或空穴）。其主要有高分子电解质（离子导电）、共轭体系聚合物、电荷转移配合物、金属有机螯合物（电子导电）等类型。

高分子主链由交替单键-双键构成 π-π 共轭高分子，其中成键（π）轨道或反键（π*）轨道通过形成电荷迁移复合物而被充满或空着，具有很好的导电性，因此常用作导电高分子使用。结构型导电高分子中，常见聚乙炔、聚吡咯、聚苯胺、聚苯硫醚等，它们具有线型大共轭结构，大的共轭 π 体系中 π 电子的流动产生了导电的可能性。这类聚合物经掺杂后，电导率可大幅度提高，甚至可达到金属的导电水平。这类聚合物如图 4-3 所示。

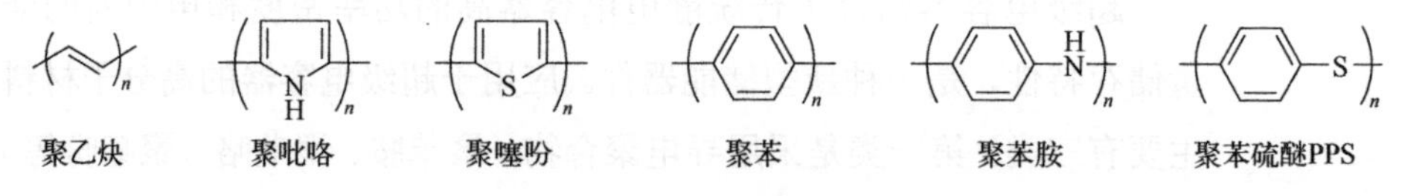

图 4-3 结构型导电高分子

聚吡咯（PPy）是一种杂环共轭型导电高分子，广泛应用于电解电容、电催化、生物、离子检测及电磁屏蔽材料和气体分离膜材料等。PPy 是由 C—C（单键）和 C═C（双键）交替排列成的共轭结构，双键是由 σ 电子和 π 电子构成，σ 电子被固定住无法自由移动，在碳原子间形成共价键。共轭双键中的两个 π 电子并没有固定在某个碳原子上，它们可以从一个碳原子转位到另一个碳原子，具有在整个分子链上延伸的倾向。即分子内的 π 电子云的重叠产生了整个分子共有的能带，π 电子类似于金属导体中的自由电子。当有电场存在时，组成 π 键的电子可以沿着分子链移动。

聚吡咯通常可通过化学氧化法和电化学法合成。化学氧化聚合法机理：首先，在氧化剂作用下，一个电中性的吡咯单体分子失去一个电子被氧化成阳离子自由基。随后，两个阳离子自由基结合生成二聚吡咯的双阳离子，此双阳离子经过歧化作用，生成电中性的二聚吡咯。然后，二聚吡咯再被氧化，与阳离子自由基结合，再歧化，生成三聚体。类似逐级聚合逐步反应下去，直到生成聚合度为 n 的链状聚吡咯分子。化学氧化聚合法合成工艺简单，成本较低，适于大量生产。但所制备的聚吡咯产物一般为固体聚吡咯粉末，难溶于一般的有机溶剂，力学性能较差，不易进行加工。

电化学合成聚吡咯的反应属于氧化偶合反应：首先，电极从吡咯分子上夺取一个电子，使五元杂环被氧化成阳离子自由基。阳离子自由基之间发生加成性偶合反应，脱去两个质子，成为比吡咯单体更容易氧化的二聚物。随后，阳极附近的二聚物继续被电极氧化，重复链式偶合反应，直到生成长链聚吡咯并沉积在负极表面。

化学氧化聚合法合成聚吡咯的机理如图 4-4 所示。

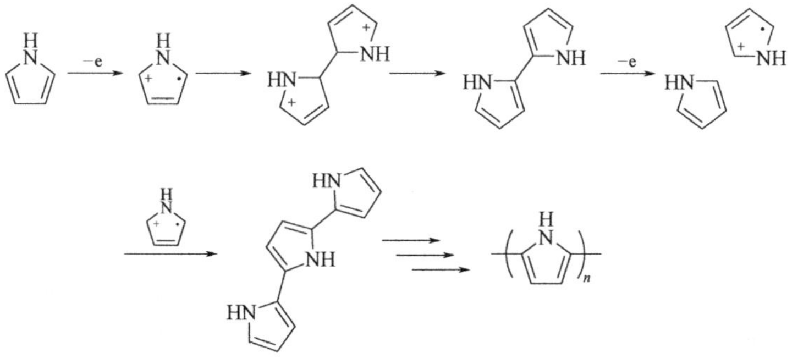

图 4-4　化学氧化聚合法合成聚吡咯机理示意图

电化学聚合法合成聚吡咯的机理如图 4-5 所示。

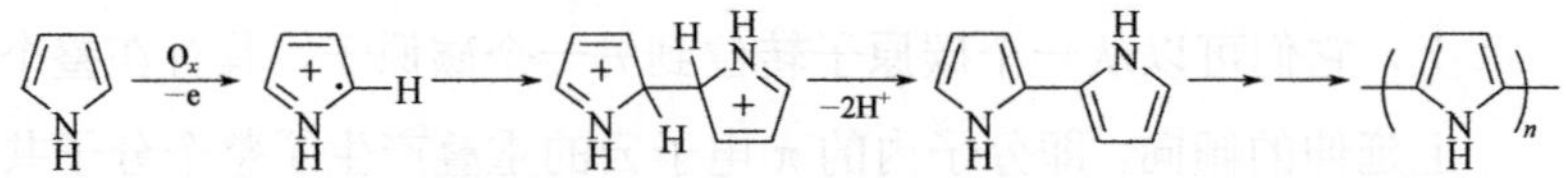

图 4-5 电化学聚合法合成聚吡咯机理示意图

本实验通过练习聚吡咯的合成与性能测试方法，了解导电高分子材料的制备技术，掌握化学氧化聚合法和电化学聚合法合成聚吡咯（PPy）。

③ 试剂与仪器

本实验用到的试剂有：吡咯（单体）、三氯化铁、对甲苯磺酸、丙酮、十二烷基苯磺酸钠、蒸馏水。

本实验用到的仪器有：四颈烧瓶（250mL）、烧杯（50mL）、滴液漏斗、温度计、水浴锅、电动搅拌器、烘箱、电化学工作站、工作电极（钳片，约 1cm×3cm）、搅拌器、注射器、超声振荡、辅助电极和饱和甘汞电极、研钵、天平、压片机、智能 LCR 测量仪、差示扫描量热仪、FT-IR。

④ 实验步骤

a．试剂纯化与溶液配制。吡咯经减压蒸馏后，低温（0～5℃）保存待用，电化学合成用吡咯需二次蒸馏。在烧杯（100mL）中加入 2.5g 对甲苯磺酸，加入 50mL 蒸馏水使之溶解，得到对甲苯磺酸水溶液。取 6.3g 三氯化铁固体溶于 44mL 蒸馏水，制得三氯化铁水溶液。

b．化学氧化聚合法合成聚吡咯。在四颈烧瓶（250mL）上安装电动搅拌器、冰水浴装置、滴液漏斗、温度计，加入含 2.5g 对甲苯磺酸的水溶液（50mL）、175mL 蒸馏水。在冰水浴条件下（5℃以下），加入 3mL 吡咯（单体），控制温度在 3～5℃，搅拌 15min，使漂浮在溶液表面的吡咯分散于水溶液中。将配制好的含 6.3g 三氯化铁的水溶液（44mL），通过滴液漏斗缓慢滴加至四颈烧瓶内，滴加时间控制在 20min，继续搅拌反应 4h。停止搅拌，室温静置 12h。然后，将四颈烧瓶超声 10min，使聚吡咯薄膜脱落在溶液中，过滤。产物先用蒸馏水洗涤 3 次，再用丙酮洗涤 2 次，所得固体产物置于 60℃烘箱中干燥 12h，对所得聚吡咯（PPy）称重。

在这一实验步骤中，要注意三个方面：一是进行聚合时要严格控制反应温度和时间；二是三氯化铁水溶液加入时要缓慢滴加，以避免发生爆聚；三是注意观察不同时间合成的溶液性状，比较其性能。

c. 电化学聚合法合成聚吡咯。在装配有磁力搅拌的50mL烧杯中，加入 0.7g 对甲苯磺酸、30mL 蒸馏水，磁力搅拌 3min。搅拌下加入 0.2g 十二烷基苯磺酸钠，继续搅拌 5min。用注射器加入 1.5mL 经过二次蒸馏的吡咯，搅拌 3min 后，超声振荡 5min，再静置 10min，获得电化学聚合所需的电解液（pH 1～2），备用。

工作电极（钯片）和对电极在使用之前经过盐酸、乙醇、丙酮预处理，除去电极表面的油脂等有机物。工作电极在使用前背对辅助电极的一面用透明胶带粘贴。最后，工作电极、辅助电极和饱和甘汞电极（参比电极）都用蒸馏水彻底淋洗。

将工作电极、辅助电极和饱和甘汞电极分别固定在所配的电解液中。工作电极固定的位置需使工作电极能够露出液面 1cm，以便电化学工作站夹子夹紧和固定。采用循环伏安法聚合制备自支撑聚吡咯膜。电化学聚合参数的设置：合成电位范围 0～1.4V，电位扫描速率 0.1V/s，扫描圈数 200 次。电化学聚合结束后，取下工作电极，用蒸馏水淋洗干净，轻轻剥落下黑色聚吡咯膜，即得产物聚吡咯（PPy），称重。

d. 聚吡咯分析表征与性能测试。固体含量：按照 GB/T 1725—2007 方法测定。

玻璃化转变温度（T_g）测定：用差示扫描量热仪（DSC）测定共聚物薄膜。

红外光谱分析：将纯化的高分子膜采用 FT-IR 分析。

稳定性测试：聚合稳定性，聚合过程中如果出现爆聚及凝聚现象，则视为不稳定；贮存稳定性，将一定量制成的聚吡咯置于阴凉处密封，室温保存，定期观察有无破损。

e. 聚吡咯电导率的测定。PPy 薄片的制备：将实验所得 PPy 试样称取 0.1g，充分研磨均匀后，放在压片机上压成直径为 1.35cm，横截面积为 1.43cm^2 的薄片。

电导率的测定：用智能 LCR 测量仪测其电阻值 R，然后根据式（4-2）计算电导率（σ）：

$$\sigma=\frac{1}{\rho}=\frac{L}{RS} \tag{4-2}$$

式中，S为压片的横截面积；L为压片的厚度；ρ为电阻率。

⑤ 实验数据记录

实验名称：聚吡咯的合成与导电性能

姓名：______ 班级组别：______ 同组实验者：________

实验日期：____年___月___日 室温：____℃ 湿度：______ 评分：____

（一）化学氧化聚合法合成聚吡咯

吡咯单体：____g 三氯化铁：____g 对甲苯磺酸：____g 蒸馏水：____mL

反应温度：____℃ 反应时间：____h 产量：____g（产率：____%）

（二）电化学聚合法合成聚吡咯

吡咯单体：____g 十二烷基苯磺酸钠：____g 对甲苯磺酸：____g

蒸馏水：____mL 反应温度：____℃ 反应时间：____h

产量：____g（产率：____%）

（三）氧化法合成PPy的电导率

聚吡咯：____g 薄片直径：____cm 薄片厚度：____cm

薄片横截面积：____cm^2 电阻率：____ 电导率：____

⑥ 问题与讨论

a．探讨氧化法合成聚吡咯的反应机理。

b．总结影响聚吡咯电导率的关键因素。

c．查阅资料，总结影响导电高分子材料中载流子的因素。

d．了解导电高分子材料最新研究进展。

（2）酚醛树脂基碳材料的制备及电容性能

① 实验目的

a．学习线型酚醛树脂的制备方法；学习基于聚合物碳化制备多孔碳材料的方法。

b．掌握循环伏安法和恒电流充放电的基本原理及其应用。

c．了解碳电极材料的电化学性能表征和在超级电容器中的应用。

② 实验原理与相关知识

要实现能量的转化、存储和高效利用，最实用的方法便是电化学能量转化和存储。目前，广泛使用的电化学能量转化和存储器件主要包括电池（蓄电池、锂电池和燃料电池）和超级电容器等。其中，超级电容器是基于电极/溶液界面电化学理论，也称为电化学电容器。超级电容器结合了传统静电电容器高的功率密度和电池高的能量储存功能，被广泛用作电动车电源、记忆性存储器、系统主板的备用电源、启动电源和太阳能电池的辅助电源等。同时，超级电容器在道路运输、航空航天、通信及国防等领域也发挥重要作用。

超级电容器主要由电极材料、电解质、集流体、隔膜等部分组成，其结构如图 4-6 所示。电极材料是积累电荷、产生双电子层电容和赝电容的不可或缺的材料，一般选用导电性好、比表面积大、不与电解质发生化学反应的材料。目前，所应用的电极材料主要有碳材料、金属化合物（金属氧化物、金属氢氧化物、金属硫化物和金属氮化物）及导电聚合物。存在于隔膜内和活性材料层中的是电解质。集流体在超级电容器中，具有将电极活性材料通过外引出电极完成电子和电荷聚集与传导功能，一般采用具有优良导电性且不被电解液腐蚀的材料，如铝箔、钛箔、不锈钢网、泡沫银等。隔膜主要用于隔绝超级电容器中两个相邻的电极材料，避免其直接接触而发生短路现象。一般要求其化学性质稳定、自身不具备导电性、对离子的通过不产生任何阻碍等。目前，常见的隔膜有聚丙烯薄膜、微孔膜、玻璃纤维、电容器纸等。

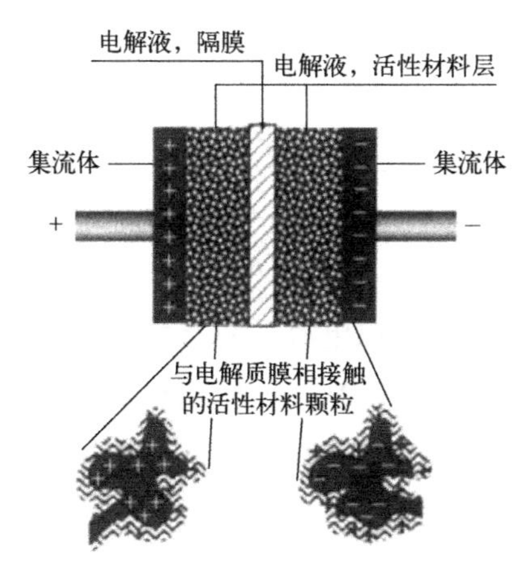

图 4-6　超级电容器结构示意图

超级电容器综合了传统电容器和电池的优点，但与普通电池相比，其主要不足为能量密度较低。鉴于此，相关研究还在深入。其中，研究电极材料、电解质的性质是提高超级电容器能量密度的重要途径。

超级电容器电化学性能常用循环伏安法（CV）、恒电流充/放电、电化学交流阻抗（EIS）等方法测试，可提供电活性物质电极反应的可逆性、化学反应历程、电活性物质的吸附等信息，计算电极材料的放电比容量和充/放电效率等，获得电荷转移电阻（R_{ct}）、内阻（R_s）和电解液离子扩散方式等信息。

a. 循环伏安法测试（CV）。通常使用三电极系统，即工作电极（研究被测物质反应过程的电极）、参比电极、对电极。以等腰三角形的脉冲电压加在工作电极上，得到的电流-电压曲线包括两个分支，如果前半部分电位向阴极方向扫描，电活性物质在电极上还原，产生还原波，那么后半部分电位向阳极方向扫描时，还原产物又会重新在电极上氧化，产生氧化波。因此，一次三角波扫描，完成一个还原和氧化过程的循环，故该法称为循环伏安法，其电流-电压曲线称为循环伏安（CV）图。根据电压-电流曲线可得到材料电化学反应过程的众多信息，如电化学可逆性、电荷的存储机理，能迅速提供电活性物质电极反应的可逆性、化学反应历程、电活性物质的吸附等信息。

b. 恒电流充/放电测试。该测试是对工作电极施加一恒定的电流密度，让其在电极材料对应的工作电位范围进行充/放电测试，同时考察电极电压随时间的变化过程。根据在设定工作电压范围内所记录的放电时间，也可以方便地计算出电极材料的放电比容量和充/放电效率等。电极材料的质量比容量（C_s，F/g）根据以下公式计算：

$$C_s = \frac{It}{m\Delta V} \tag{4-3}$$

式中，I为充/放电电流，A；t为放电时间，s；ΔV为高电位与低电位之间的电压范围，V；m为活性电极材料的质量，g。

在超级电容器中，电极活性材料和电解质是组成工作电极的最主要部分。其中，开发出具有高导电性、高比表面积和高比容量的电极材料和具有高离子电导率的柔性凝胶电解质是提高超级电容器装置性能的关键。

酚醛树脂是由酚（苯酚、甲酚或间苯二酚等）和醛（甲醛、乙醛和糠醛等）在酸性或碱性催化剂下缩聚而成的树脂，是较早合成的高分子之一。在碱性催化剂（NaOH）作用下，苯酚和甲醛进行缩聚，可得到线型与体型酚醛树脂（图 4-7）。控制苯酚和甲醛的用量比例（酚和醛的物质的量之比小于 1），缩聚形成线型酚醛树脂。苯酚和甲醛在碱性条件下逐渐生成体型树脂。酚醛树脂主要用于制造各种塑料、涂料、胶黏剂及合成纤维等。有关酚醛树脂的开发和研究工作，主要围绕着增强、阻燃、低烟以及成型适用性方面开展，向功能化、精细化发展，以期开发具有高附加值的酚醛树脂材料。

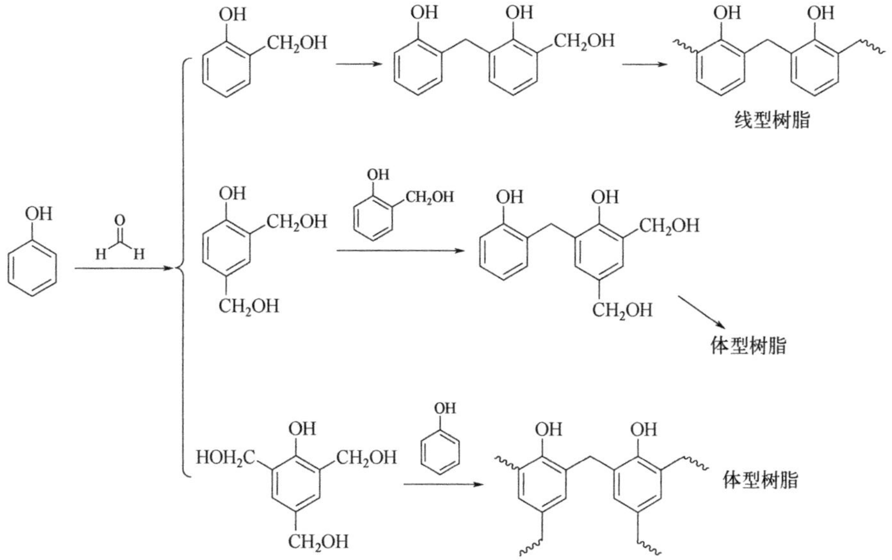

图 4-7　线型与体型酚醛树脂

本实验是在碱性催化剂（NaOH）作用下，控制苯酚和甲醛的用量比例，缩聚形成线型酚醛树脂；然后以所得酚醛树脂作为碳前驱体，在流通氮气气氛中进行高温碳化，制备聚合物（酚醛树脂）基多孔碳材料；最后将聚合物基多孔碳材料作为电极材料进行电化学电容性能测试。

③ 试剂与仪器

本实验用到的试剂有：苯酚、甲醛（37%）、NaOH、KOH 溶液（1.0mol/L）、乙醇（98%）、蒸馏水、氮气。

本实验用到的仪器有：三颈烧瓶（250mL）、回流冷凝管、温度计、机械搅拌器、恒温水浴装置、铁架台、瓷舟、管式炉、移液管、电化学工作站（CHI 660D）、玻碳电极、Hg/HgO（1mol/L KOH）电极、铂片电极、三口电解池、天平、烧杯、烘箱、玛瑙研钵。

④ 实验步骤

由于苯酚和甲醛都是有毒物质，因而在量取和实验过程中都必须严格遵守实验操作步骤，以防中毒或腐蚀皮肤，同时反应要在通风橱中进行。

a．酚醛树脂的合成。在三颈烧瓶（250mL）上安装回流冷凝管、机械搅拌器、温度计及恒温水浴装置，依次加入10g苯酚、30g氢氧化钠、100mL无水乙醇，搅拌溶解。然后，加入20mL甲醛溶液（37%），混合均匀。将三颈烧瓶置于恒温水浴装置中，持续搅拌并缓慢升温至80℃后搅拌反应2h。反应结束后，将全部物料倒入烧杯中，冷却至室温，倾去上层溶剂。下层缩聚物用蒸馏水洗涤3次，置于100℃烘箱中干燥，得到亮黄色的酚醛树脂，称量。

在这一步骤的实验中，要注意：苯酚在空气中易被氧化，影响产品的颜色，因此在量取、加入过程中，应尽量迅速并及时将试剂瓶密封；产品应放到指定地方，避免因黏性造成水管堵塞。

b．酚醛树脂基多孔碳材料的制备。将酚醛树脂（碳前驱体）固体置于瓷舟中，并放入管式炉石英管中央位置，然后，在石英管两端安装管式炉真空法兰，并在进气口一端连接氮气，同时松开另一端出气口，以保证石英管内持续氮气流通。将管式炉设置升温速率均为5℃/min，将碳化温度升至800℃，并在此温度下碳化2h。高温碳化结束后，将管式炉自然冷却至室温，取出瓷舟。收集所得酚醛树脂基碳材料。

c．酚醛树脂基多孔碳材料的电化学性能测试。电化学性能测试采用电化学工作站（CHI 660D型，上海辰华仪器有限公司）进行。

工作电极的制备：工作电极制备前，将所得到的碳材料置于玛瑙研钵中研磨成细粉末。三电极体系的工作电极制备过程如下：精确称取4.0mg的碳材料并超声分散在0.4mL的Nafion乙醇溶液（0.25%，质量分数）中，形成分散均一的混合浆液。再移取10μL该混合液，滴加到玻碳电极表面，形成的电极膜均匀覆盖于玻碳电极中心，自然干燥，待测。

循环伏安（CV）测试：将 1.0mol/L 氢氧化钾电解液放入三口电解池中（电解液量约为电解池容量的 2/3 即可），插入工作电极（玻碳电极）、对电极（铂片电极）和参比电极（Hg/HgO 电极）；各个电极连接电化学工作站对应电极夹，打开电化学工作站，选择“开路电压”方法，测定开路电压（V），然后选择“cyclic voltammetry（CV）”电化学技术，init E 为开路电压（V），low E 设置为−1.0V，high E 设置为 0V，final E 设置为 0V，sweep segments 为 5，扫描速率为 10mV/s，循环次数为 2 次；以 CSV 格式保存实验数据，在扫描速率分别为 20mV/s、30mV/s、50mV/s 和 100mV/s 下按照上述步骤的实验条件测量循环伏安曲线，并以 CSV 的格式保存实验数据。

恒电流充/放电测试：将 1.0mol/L 氢氧化钾电解液放入三口电解池中，插入工作电极（玻碳电极）、对电极（铂片电极）和参比电极（Hg/HgO 电极）；各个电极连接电化学工作站对应电极夹，打开电化学工作站，选择“chronopotentiometry（CP）”电化学技术，cathodic current 和 anodic current 为充放电电流（0.0001A），high E 设置为 0V，low E 设置为−1.0V，number of segments 设置为 3，其余参数为默认值；以 CSV 格式保存实验数据，在充放电电流分别为 0.0002A、0.0003A、0.0005A 和 0.001A 下，按照上述步骤的实验条件测量充放电测试曲线，并以 CSV 的格式保存实验数据。

⑤ 实验数据记录

实验名称：酚醛树脂基碳材料的制备及电容性能

姓名：______ 班级组别：______ 同组实验者：________

实验日期：____年___月___日 室温：____℃ 湿度：______ 评分：____

（一）酚醛树脂的合成

苯酚：_____g 甲醛：_____mL 乙醇：_____mL 反应温度：______℃

反应时间：_____h 产量：_____g（产率：_____%）

（二）聚合物基多孔碳材料的制备

酚醛树脂：_____g 升温速率：_____℃/min 碳化温度：_____℃

碳化时间：_____h 碳化过程是否通 N_2：_____ 产量：_____g（产率：_____%）

（三）电极材料的电化学性能测试

（1）循环伏安（CV）测试

电解液：_____　参比电极：_____　对电极：_____　开路电压：_____V

low E: _____V　high E: _____V　扫描速率：_____mV/s

（2）恒电流充/放电测试

电解液：_____　参比电极：_____　对电极：_____　cathodic current: _____A

anodic current: _____A　low E: _____V　high E: _____V

number of segments: _____

⑥ 问题与讨论

a．影响酚醛树脂合成的因素有哪些？

b．升温速率的大小和碳化温度的高低对所得碳材料产物的影响可能有哪些？

c．循环伏安测试中，扫描速率对电极材料电化学性能的影响是什么？目的是什么？

d. 查阅资料，总结用于制备电极活性材料的聚合物有哪些类型？设计可用于制备新型电极活性材料的聚合物。

4.3 光电功能高分子材料的合成

4.3.1 光电功能高分子材料

宇宙中的基本要素是光，同时，光也是人类生活必不可少的一部分。其巨大的应用潜能使光科学领域成为研究焦点和热点之一。其中，发光材料与光电材料的开发至关重要。目前，发光材料主要应用于交通标志牌（反光材料）、发光油墨、发光涂料、发光塑料、发光印花浆、装饰与安全出口指示标记（光致发光材料）。根据发光机制，高分子发光材料可以分为高分子荧光材料、高分子磷光材料、高分子热活化延迟荧光材料三大类。

随着有机光电子学的深入研究，发现有机/聚合物半导体材料具有化学结构与器件性能可控的独特优点，在制备低成本、轻柔、大面积的光电器件时，具有极大的优势。聚合物光电材料在有机场效应晶体管、有机太阳能电池、有机电致发光、有机传感、有机存储以及柔性显示等方面得到了非常广泛的应用。有机材料在部分领域正在逐步取代无机材料，成为科学技术的核心材料。Heeger 等利用聚对亚苯基亚乙烯基衍生物制备出量子效率为 1%的电致发光器件，为聚合物发光二极管的发展奠定了基础；曹镭等提出通过改变三线态与单线态之间的散射截面，可突破有机发光二极管的荧光量子效率约 25%的理论极限；唐本忠等发现了聚集诱导发光现象，开启了新一代有机光电材料的研究大门。

4.3.2 光电功能高分子材料的合成测试

（1）聚乙烯基咔唑的合成与光电导性能

① 实验目的

a．了解聚合物发光原理；了解有机光导体导电机理。

b．掌握聚乙烯基咔唑制备方法；学习光电导测试操作方法。

② 实验原理与相关知识

在光的作用下，体系对电荷的传导率有很大提高（大于 3 个数量级）的效应，便是光导电效应。利用这种效应可制造激光打印机中光导鼓涂层、光控开关、光敏探测器等。有机光导体（OPC）指经光照射激发电子传导，显示出半导体电性质的有机物，通常是含有 π 共轭体系和 N、S 等杂原子的芳香性化合物，从官能团方面来分，主要包括芳香酸类、酞菁类、偶氮类及酰胺类四大类。有机光导体导电过程分为光生载流子的产生、载流子迁移及载流子有序运输三个部分。在有机聚合物中基态电子吸收光子成为缔合的电子-空穴对（也称激发子），它在物质中移动并和表面缺陷部分相互作用，或以激发子-激发子间的相互作用而形成自由载流子，自由载流子可以是电子、空穴或正负离子。在电场作用下，这些载流子做定向移动，从而产生光电流。光照射结束后，电子-空穴对复合，光电流衰减为零。

光导电高分子指那些在受光照射前本身电导率不高，但在光子激发下可以产生某种载流子，并且在外电场作用下可以传输载流子，从而可以大大提高其电导率的材料。根据载流子的特性，可以将光导电高分子分成P型（空穴型）和N型（电子型）光导电高分子。光导电高分子材料主要包括线型共轭高分子光导电材料、侧链带有大共轭结构的光导电高分子材料、侧链连接芳香胺或者含氮杂环的有机光导电材料。其中，聚对苯乙炔（PPV）及其衍生物是最早应用于电致发光器件的一类材料。与无机光导体相比，高分子光导体具有成膜性好、容易加工成型、柔韧性好的特点，在静电复印、太阳能电池、全息照相、信息记录等方面具有重要意义。光导电高分子材料还可以用于特殊光敏二极管和光导摄像管的研制。

聚乙烯基咔唑（PVK）是含氮杂环的芳香结构高聚物。PVK是一种带π电子系支链基的非共轭类聚合物，具有诸多优良性能，如热稳定性能优良，热膨胀系数小，吸水率低，具有良好的成膜性，介电性能优异，耐稀碱、稀酸和有机溶剂等。PVK具有较高的玻璃化温度、较高的空穴迁移速率等，已经在静电复印、激光打印、太阳能电池、感光和感热记录材料、光电导体和发光二极管等领域得到广泛的应用。

本实验以乙烯基咔唑为原料，通过自由基聚合制备聚乙烯基咔唑，练习典型有机高分子光导体的性能测试方法。

聚乙烯基咔唑（PVK）的合成路线如图4-8所示。

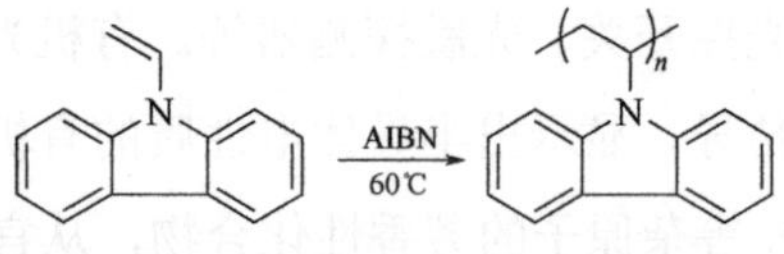

AIBN
60℃

图4-8 聚乙烯基咔唑的合成路线

③ 试剂与仪器

本实验用到的试剂有：乙烯基咔唑（单体）、2，2-偶氮二异丁腈（AIBN），*N*，*N*-二甲基甲酰胺（DMF）、C_{60}、无水乙醇、氯仿、甲苯、蒸馏水、氮气。

本实验用到的仪器有：三颈烧瓶（250mL）、冷凝管、温度计、水浴装置、磁力加热搅拌器、烧杯、滤纸、恒温铁架台、真空干燥箱、紫外分光光度计、红外光谱仪、荧光光谱仪、凝胶渗透色谱（GPC）、真空干燥箱、ITO 导电膜玻璃（氧化铟锡透明导电膜玻璃）、光导实验装置（CM-230K，深圳市福田区铭川仪器仪表经营部）、天平、移液管。

④ 实验步骤

a．聚乙烯基咔唑（PVK）的合成。在三颈烧瓶（250mL）上装配冷凝管、水浴装置、抽充气装置、磁力搅拌器，分别加入 3.00g *N*-乙烯基咔唑（单体）、0.015g AIBN（引发剂）以及 30mL DMF（溶剂）。抽真空后通氮气，循环抽-充气 3 次。在氮气保护下，控制体系温度为 60℃，反应 12h。将产品转移到 150mL 乙醇的水溶液（EtOH∶H_2O=3∶2，体积比）中进行沉淀，过滤，所得粗产物经 DMF 溶解后，再用乙醇的水溶液沉淀。反复 3 次后将产物置于 45℃的真空干燥箱中烘干至恒重，得到聚乙烯基咔唑白色晶体（PVK），称重。

b．聚乙烯基咔唑的表征。采用凝胶渗透色谱（GPC）测其数均分子量（约 12000）。

采用 UV-Vis 光谱、红外光谱进行表征。

荧光光谱分析：取约 50mg PVK 溶于 25mL 氯仿中，测定其荧光光谱。纯 PVK 聚合物 λ_{max}=375nm。

c．聚乙烯基咔唑的光导电性

混合样制备：准确称量 100mg 的 PVK，将其溶于甲苯中，配制成 10mL PVK/甲苯溶液（10mg/mL）。再将事先配制好的 C_{60} 溶液与 PVK 溶液混合，使 PVK 与 C_{60} 比例为 100∶1。将配制好的 PVK/ C_{60} 混合溶液放入平板加热器上（置于通风橱内），在 100℃加热 10min 左右，使溶液浓缩、变稠，然后取出，得到稠溶液，待用。

制备薄膜样品：如图 4-9 所示，将一块 ITO 玻璃板放在一平板上，导电面朝上。把一部分稠溶液缓慢均匀地倒在 ITO 玻璃上，在 100℃室温下，挥发一部分（约 30min）后，再将一部分稠溶液均匀缓慢地倒在上边，如此反复若干次后放置于烘箱中梯度升温至 80℃。将另一块 ITO 玻璃电极对好放置在第一块 ITO 玻璃上，在 100℃下放在烘箱热压一段时间后阶梯降温至 40℃，放在烘箱 40℃恒温环境下保存。

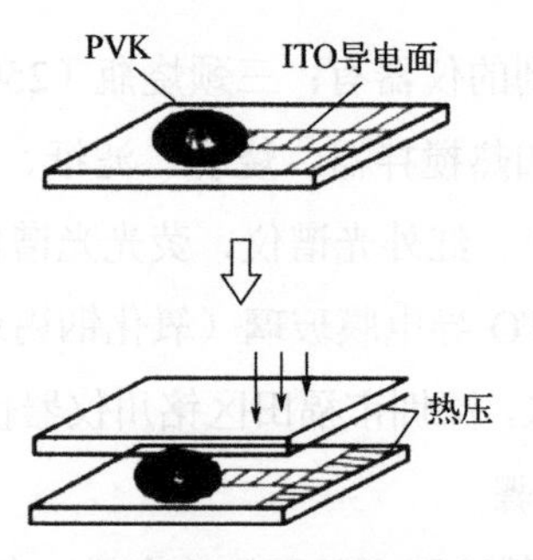

图 4-9 热压法制备薄膜样品示意图

热压法制备薄膜样品：通过简单的热压法制备厚度较均匀的薄膜样品，再重新加热到其熔点以进行重新混匀，对其不断进行压挤，将其体内未排出的气泡排除掉，再重新压膜，重新进行观察，如此重复5～6次。

光电导性能：采用氦-氖激光器测试PVK的电导率。实验测试条件为保护电阻10MΩ，光强9.28mW/cm^2，光斑直径1.5cm，光斑面积1.77cm^2，采用氦-氖激光器，波长 632.8nm，光强可调，通过反射镜和扩束镜照射到样品上，测试PVK的电导率。

光电流法测光电导率的实验装置见图 4-10。实验采用氦-氖激光器（λ=632.8nm），光强可调。电路中串联的电阻是取样电阻（10MΩ），同时也是高压电源的保护电阻，通过检测取样电阻电压降，测定材料在黑暗和光照条件下循环连续样品的光电导率。

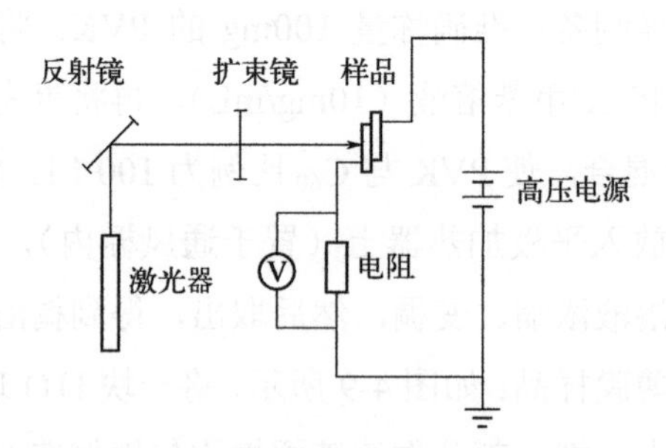

图 4-10 光电流法测光电导率实验电路图

光电导率公式如下：

$$\sigma = \frac{LU_2}{SR_2(U-U_2)} \tag{4-4}$$

式中，R_2为保护电阻；U为电源电压；U_2为保护电阻电压，即测量电压；S为样品面积；L为样品厚度；σ为样品光电导率，S/m。

⑤ 实验数据记录

实验名称：聚乙烯基咔唑的合成与光电导性能

姓名：______ 班级组别：______ 同组实验者：________

实验日期：____年___月___日 室温：____℃ 湿度：______ 评分：____

（一）PVK 的制备

PVK 产量：____g PVK 产率：____%

（二）PVK 表征

UV-Vis 特征峰：

IR 特征峰：

荧光光谱特征峰：

PVK 电导性：

PVK 的光电导率：____S/m

⑥ 问题与讨论

a．乙烯基咔唑可用氯乙基咔唑为原料，通过消除反应（脱氯化氢）制备。请查阅资料，设计乙烯基咔唑的合成方案。

b．目前，在聚乙烯基咔唑的合成中，所存在的主要问题是合成条件苛刻、产率不高，这严重影响其在有机光电导材料中的应用。对于这一问题，请说说如何解决。

c．PVK 作为光电导材料使用时，常常需要与光敏剂及增塑剂等协同作用来制备有优良光电导特性的光电导功能材料，但是由于聚乙烯基咔唑结构的对称性，与所用的增塑剂等有机小分子极性差异太大，相容性不好，限制了 PVK 类光导电材料的应用，应如何解决这一问题？思路：可以通过掺杂使 PVK 与光敏剂复合，或是与功能有机小分子（如多硝基芴酮）组成电荷转移配合物体系来增加相容性。

d．查阅资料，尝试用 HOMO-LUMO 理论解释材料的光电导性能。思路：HOMO（highest occupied molecular orbit，最高占据分子轨道）-LUMO（lowest unoccupied molecular orbit，最低未占分子轨道）能隙和激发能可用来解释材料的光电导性能。单体的 HOMO-LUMO 能隙可被用来估算同类高聚物的带隙。单体较小的能隙通常对应高聚物比较窄的带隙和较好的光电导性能。

(2)聚集诱导发光聚合物的合成与结构表征

① 实验目的

a. 学习分子内旋转受限的有机分子的设计与合成；掌握 McMurry(麦克默里)偶联反应和 Suzuki 反应(又称铃木反应)机理与技术。

b. 复习自由基共聚反应的聚合技术；掌握 NIPAM-DDBV 共聚物的合成方法。

c. 掌握有机小分子与高分子的基本表征技术；学习光功能测试技术。

② 实验原理与相关知识

聚集诱导发光(AIE)现象指的是有机物分子(如噻咯)在溶液中几乎不发光，而在聚集状态或固体薄膜下发光性能大大增强。AIE现象可以应用于任何涉及分子内旋转受限的领域。因此，其应用领域正在开发，引起了研究者的兴趣，如在生物医学领域，AIE 分子已被成功用作生物荧光传感器、DNA 可视化工具及生物过程探针(蛋白质纤维性颤动)等；在光电领域，建立了高效的固态发射体系，如 AIE 分子被成功应用于有机发光二极管(OLED)、光波导、圆偏振发光体系(CPL)及液晶显示器等。此外，已探索和开发出大量新型的以机械力、温度、pH、毒性气体、光等为刺激源的智能材料(如力敏、热敏、气敏和光敏材料)，这类材料易受外界刺激而发生荧光变化，从而实现对特定刺激源的响应。显然，AIE 分子的发现为人类的科学研究和高科技技术革新提供了一种新的思路与途径。

在合成聚集诱导发光(AIE)分子时，设计分子内旋转受限化合物至关重要，如利用 Wittig 反应(又称维蒂希反应)和 Suzuki 反应，可合成两种苯乙烯类 AIE 小分子化合物：1,1-二苯基-2,2-二溴乙烯(DDB)与 1,1-二(4-溴苯基)-2,2-二苯乙烯(DDBV)。基于这两种单体的共聚反应，可制备功能与智能高分子材料。

Wittig 反应指的是叶立德与醛(或酮)反应生成烯烃。反应机理：磷叶立德试剂与醛、酮发生亲核加成，形成偶极中间体，偶极中间体在−78℃时比较稳定，当温度升至 0℃时，即分解得到烯烃。其中，叶立德由仲烃基溴（较典型）与三苯磷作用生成。磷叶立德与羰基化合物发生亲核反应时，与醛反应最快，酮次之，酯最慢。利用羰基的不同活性，可以进行选择性的反应。

Suzuki 反应指卤代芳烃或烯烃与乙烯基化合物（$CH_2=CH_2$）在过渡金属催化下形成 C—C 键的偶联反应，机理如图 4-11 所示。首先，催化剂前体（零价钯或二价钯）被活化，生成能直接催化反应的零价钯 Pd（0）。其次，卤代烃（RX）对新生成的零价钯进行氧化加成，这是一个协同过程，也是整个反应的决速步骤。然后，烯烃（$CH_2=CH_2$）迁移插入，它决定了整个反应区域选择性和立体选择性。一般来说，取代基空间位阻越大，迁移插入的速率越慢。最后，把氢消除，生成取代烯烃和钯氢配合物。后者在碱（如三乙胺或碳酸钾）的作用下重新生成二配位的零价钯，再次参与整个催化循环。在 Suzuki 反应中，起催化作用的是二配位的零价钯活性中间体，但是由于此中间体很活泼，因此实验室常用易保存、较稳定的零价钯配合物或二价乙酸钯和三苯基膦的混合物。

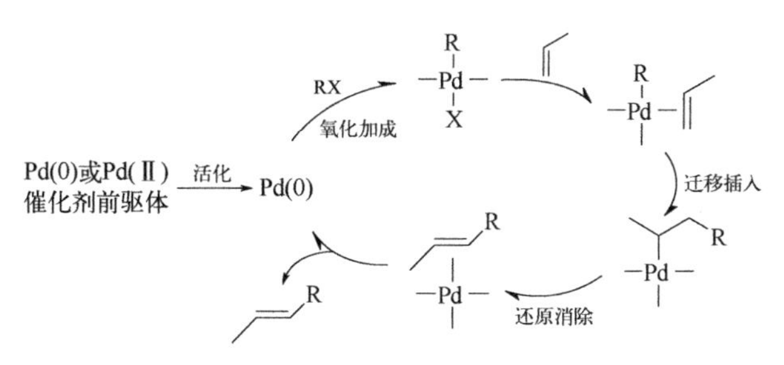

图 4-11　Suzuki 反应机理图

在本实验中，首先从分子内旋转受限有机发光材料的设计合成开始，以合成两种有机物分子（DDB、DDBV）为目标，练习苯乙烯类 AIE 小分子的合成与表征技术。其次采用自由基共聚反应，将发光单体（DDBV）与温敏性单体（NIPAM，*N*-异丙基丙烯酰胺）进行共聚合反应（图 4-12），制备高分子发光材料 P(NIPAM- DDBV)，并进行表征。

③ 试剂与仪器

本实验用到的试剂有：二苯甲酮、四溴化碳（CBr_4）、三苯基膦（PPh_3）、甲苯、碳酸钾（K_2CO_3）、四（三苯基膦）钯、乙烯基苯硼酸、

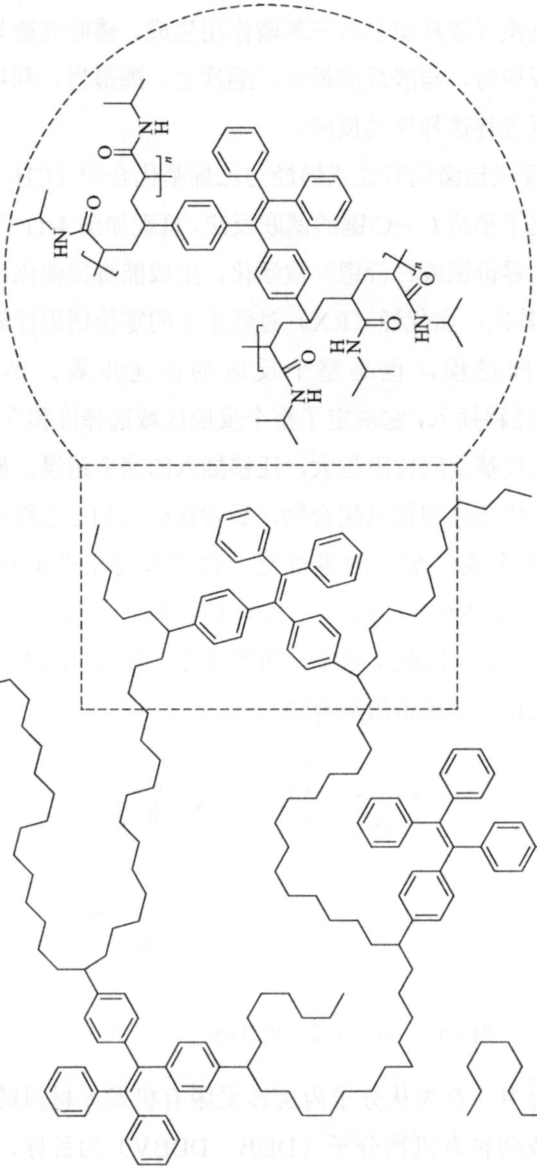

图 4-12　共聚物 P（NIPAM-DDBV）的合成路径

四氢呋喃（THF）、*N*-异丙基丙烯酰胺（NIPAM）、偶氮二异丁腈（AIBN）、正己烷、氮气（或 Ar 气）、无水硫酸镁。

本实验用到的仪器有：圆底烧瓶（100mL、50mL）、回流冷凝管、磁力搅拌加热装置、旋转蒸发仪、柱色谱（填料为氧化钯，淋洗液为正己烷）、紫外-可见（UV-Vis）光谱仪、傅里叶变换红外（FT-IR）光谱仪、质谱（MS）仪、核磁共振氢谱（^{1}HNMR、频率为 400MHz）、碳谱（^{13}CNMR、频率为 100MHz）、天平。

④ 实验步骤

a．1,1-二苯基-2,2-二溴乙烯（DDB）的合成。在配备磁力搅拌加热装置的 100mL 圆底烧瓶中，加入二苯甲酮（1.52g，8mmol）、四溴化碳（5.53g，16mmol）、三苯基膦（8.76g，32mmol）、无水甲苯（60mL）。安装回流冷凝管，氮气保护下升温至 140℃，搅拌反应 48h，冷却至室温，过滤，用甲苯洗涤数次，收集滤液（甲苯溶液），将滤液用水洗涤 3 次，收集有机相，用无水硫酸镁干燥，减压旋蒸，采用色谱柱分离（正己烷为淋洗液），得到淡黄色固体，即 1,1-二苯基-2,2-二溴乙烯（DDB）。

b．1,1-二(4-溴苯基)-2,2-二苯乙烯（DDBV）的合成。在配备磁力搅拌加热装置的 100mL 圆底烧瓶中，加入 DDB（0.67g，2mmol）、乙烯基苯硼酸（0.89g，6mmol）、碳酸钾（0.57g，4mmol）、四（三苯基膦）钯（230mg，0.2mmol）、60mL 混合溶剂（四氢呋喃与甲醇混合液，体积比为 1∶3）。安装回流冷凝管，氮气保护下，120℃反应约 48h，最后采用柱色谱分离（淋洗液为石油酸），得到淡黄色固体，即 1,1-二(4-溴苯基)-2,2-二苯乙烯（DDBV）。

c．DDB 与 DDBV 的表征。溴化钾压片，测定红外光谱数据。记录 DDB 和 DDBV 特征吸收峰数据。

采用质谱仪测定 DDB、DDBV 质谱图。

核磁共振氢谱（^{1}HNMR）频率为 400MHz、碳谱（^{13}CNMR）频率为 100MHz（氘代溶剂），TMS 作内标，化学位移值以 δ 表示，记录特征化学位移数值。

d．苯乙烯类 AIE 共聚物 P（NIPAM-DDBV）的合成。在圆底烧瓶（50mL）上配备回流冷凝管、磁力搅拌加热装置，加入 10mg DDBV、1.0g NIPAM、50mg 偶氮二异丁腈和 20mL 四氢呋喃。氮气保护，90℃

下反应 12h。减压蒸除四氢呋喃，固体用正己烷洗涤数次，得到白色固体，即共聚物 P（NIPAM-DDBV），称量，计算收率。

改变 DDBV 用量（即 0mg、4mg、5mg、6.7mg、10mg、20mg），保持其他试剂用量与反应条件，可获得不同单体比例的共聚物 P（NIPAM-DDBV）（即 PNIPAM、P250、P200、P150、P100、P50，这里 100 代表 NIPAM 与 DDBV 的质量比）。

e. 共聚物 P（NIPAM-DDBV）的结构表征。紫外可见（UV-Vis）光谱在室温下测得，波长范围 200～800nm。记录典型吸收峰数据。

采用红外光谱测定数据（溴化钾压片）。记录 DDB 和 DDBV 特征吸收峰数据。

核磁共振氢谱（^{1}HNMR）频率为 400MHz、碳谱（^{13}CNMR）频率为 100MHz（氘代溶剂），TMS 作内标，化学位移值以 δ 表示。

用凝胶渗透色谱（GPC）法测定不同投料比聚合物的分子量及分子量分布。

⑤实验数据记录

实验名称：聚集诱导发光聚合物的合成与结构表征

姓名：______ 班级组别：______ 同组实验者：________

实验日期：____年___月___日 室温：____℃ 湿度：______ 评分：____

（一）1,1-二苯基-2,2-二溴乙烯（DDB）的合成

所用试剂及用量：

DDB 产量：_____（产率：_____%）

（二）1,1-二(4-溴苯基)-2,2-二苯乙烯（DDBV）的合成

所用试剂及用量：

DDBV 产量：_____（产率：_____%）

（三）表征

IR 数据：______________ MS 数据：______________

^{1}HNMR：______________ ^{13}CNMR：______________

（四）共聚物 P（NIPAM-DDBV）的合成

均聚物（PNIPAM）及共聚物（P250、P200、P150、P100、P50）的产量与收率：

（五）不同投料比共聚物 P（NIPAM-DDBV）表征

项目	m（NIPAM）	m（DDBV）	M_n	M_w/M_n	UV-Vis	IR	^{1}HNMR	^{13}CNMR
PNIPAM								
P250								
P200								
P150								
P100								
P50								

⑥ 问题与讨论

a．1,1-二(4-溴苯基)-2,2-二苯乙烯（DDBV）的合成为何要在 N_2 保护下进行？四（三苯基膦）钯在反应过程中有何作用？

b．总结 Wittig 反应和 Suzuki 反应的关键因素。

c．查阅资料，总结自由基聚合的特征以及聚合物的常用表征方法。

4.4 生物医用高分子材料的合成

4.4.1 生物医用高分子材料

以医用为目的，用于和活体组织接触，具有诊断、治疗或替换机体中组织、器官或增进其功能的无生命高分子材料，就是生物医用高分子材料。由于高分子材料在物理化学性质及功能方面与人体各类器官更为相似，因而生物医用高分子材料已成为医用材料中发展最快、用量最大、品种繁多、应用广泛的一类材料。

（1）生物医用高分子材料的特性

现代医学的发展，对材料的性能提出了愈来愈高的要求，这是大多数金属材料和无机材料难以满足的，而合成高分子材料与生物体（天然高分子）有着极其相似的化学结构，而且其来源丰富，能够长期保存、品种繁多、性能可变化、范围广，如从坚硬的牙齿和骨头、强韧的筋腱和指甲，到柔软而富于弹性的肌肉组织、透明角膜和晶状体等，都可用高分子材料制作，而且其可加工成各种复杂的形状。因此，生物医用高分子材料在生物医用材料领域占绝对优势。

（2）生物医用高分子材料的分类

生物医用高分子材料根据来源，可分为天然生物医用高分子材料和合成生物医用高分子材料。

生物医用高分子材料根据其稳定性可分为生物降解型医用高分子材料和不可降解型生物医用高分子材料。

生物医用高分子材料根据其应用，可分为人工脏器，固定、缝合材料，药用高分子材料，诊断用高分子材料及血液净化高分子材料。

（3）生物医用高分子材料的特殊要求

医用高分子材料在使用过程中，常与生物肌体、血液、体液等接触，有些还需长期植入体内，必须满足体内复杂而又严格的要求，具体如下。

① 无毒性、不致畸。高分子材料在合成、加工过程中往往残留有少量单体或助剂。当材料植入人体后，这些单体或助剂将从内部迁移出来，对周围组织发生作用，引起炎症或组织畸变，严重的可引起全身性反应。

② 化学稳定性。人体组织结构复杂，各部位的性质差别很大。人体环境(体液)可能引起的高分子材料发生下列反应：聚合物的降解、交联和相变化；体内自由基引起的高分子材料的氧化降解；生物酶引起的聚合物分解；高分子材料中添加剂的溶出。上述反应引起高分子材料性质的变化。此外血液、体液中的类脂质、类固醇及脂肪等物质渗入高分子材料，使材料增塑，强度下降。上述材料性能的变化会影响材料的使用寿命，而且对人体有不良影响，在选择材料时，必须考虑上述因素。

③ 优良的生物相容性。当高分子材料用于人工脏器（如人造血管、心脏瓣膜、人工肺、血液渗析膜、血管内导管等）植入人体后，必然要长时间与体内的血液接触。人体的血液在表皮受到损伤时会自动凝固，这种血液凝固的现象称为血栓。这是一种生物体的自然保护性反应。

高分子材料与血液接触时，血液流动状态发生变化，也会产生血栓。优良的生物相容性要求材料留在体内必须具备下述特点：不导致血液凝固；没有溶血作用；不产生不良的免疫反应；不引起过敏反应；不致癌；不损伤组织。如果生物相容性不好，会导致血栓、炎症、毒性、变态、致癌等不良后果。因此，生物材料最重要的性能是生物相容性，这是生物高分子材料有别于其他材料的重要特征。

④ 合适的力学性能。许多人工脏器一旦植入体内，将长期存留，有些甚至伴随一生。因此，要求植入材料必须要保持合适的机械强度。

⑤ 易加工成型。人工脏器形状复杂，选用的高分子材料应具有优良的成型性能。

⑥ 能经受清洁消毒措施。高分子材料在植入体内之前，都要经过严格的灭菌消毒，如蒸汽、化学药剂和γ射线灭菌处理。植入材料必须能耐受清洁消毒措施而不改变性能。

4.4.2 生物医用高分子材料的合成测试

（1）直接缩聚法合成聚乳酸

① 实验目的

a．熟悉缩合聚合的原理与技术；掌握低分子量聚乳酸的缩聚合成方法。

b．学习利用乌氏黏度计测定聚合物的平均分子量。

② 实验原理与相关知识。乳酸是聚乳酸（PLA）的单体，可以淀粉等可再生资源为原料生成。PLA 的最常用合成方法是直接缩聚法和丙交酯开环聚合法。其中，直接缩聚法合成工艺简单，成本低廉，但难以获得高分子量的聚乳酸，导致产品强度低；开环聚合法可获得高分子量，甚至超高分子量的聚乳酸，但过程复杂而导致成本较高。

直接缩聚法合成有溶液缩聚和熔融缩聚两种方式。溶液缩聚是在聚合过程中使用溶剂的聚合反应，溶剂对生成的聚合物有良好的溶解性。有机溶剂与单体乳酸、水进行共沸回流，回流液除水，从而推动反应向聚合方向进行，获得较高分子量的产物。溶液缩聚增加了聚合后溶剂的回收和分离工序，且聚合物中残留的高沸点有机溶剂对其性能和应用均有一定程度的不利影响。熔融缩聚是聚合体系在温度高于聚合物熔融温度下进行的聚合反应，不使用任何溶剂，在熔融条件下乳酸分子之间脱水缩合。其聚合方程式和反应平衡见图 4-13。反应体系中同时存在乳酸（LA）、水、丙交酯、乳酸低聚物（OLA）和聚乳酸（PLA）。熔融缩聚的优点是产物纯净，不需要分离介质。但随着反应的进行，体系的黏度越来越大，缩聚产生的小分子难以排出，导致所得聚合物分子量不高。在熔融聚合过程中，催化剂、反应时间、温度等对产物分子量的影响很大。

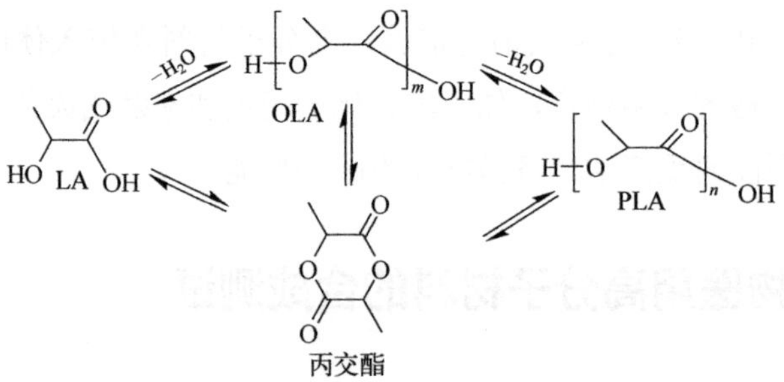

图 4-13　缩聚法制备聚乳酸及其反应平衡产物

固相缩聚法（SSP）介于熔融缩聚和开环聚合两种方法之间，是在固体状态下，将一定分子量的预聚物加热到其熔融温度以下，玻璃化温度以上（约为熔融温度以下 10～40℃），通过抽真空或使用惰性气体带走缩聚过程中所产生的小分子产物，破坏平衡以使缩聚反应继续进行。反应过程中无须处理高黏度熔体，不使用溶剂，反应温度较低，从而减少降解反应和其他副反应，有利于制备分子量高、品质好的聚乳酸。

本实验练习利用熔融缩聚法合成聚乳酸，并学习测定聚合物分子量等表征方法。

③ 试剂与仪器

本实验用到的试剂有：乳酸（LA）（80%水溶液，密度 1.20g/mL）、己内酰胺、$SnCl_2 \cdot 2H_2O$、四氢呋喃（THF）、丙酮、亚磷酸、无水甲醇、蒸馏水、氮气、氘代氯仿（$CDCl_3$）、四甲基硅烷（TMS）。

本实验用到的仪器有：三颈烧瓶（100mL）、球形冷凝管、油水分离器、水浴锅、电动搅拌器、真空泵、烘箱、乌氏黏度计、红外光谱仪、差示扫描量热仪、超导核磁共振波谱仪、凝胶渗透色谱仪、天平。

④ 实验步骤

a．聚乳酸的合成。在三颈烧瓶（100mL）中加入 25mL 乳酸水溶液（80%），加入 0.24g $SnCl_2 \cdot 2H_2O$（乳酸质量的 1%）、0.2g 己内酰胺、0.02g 亚磷酸。通入氮气，先在 120℃进行脱水预缩聚 3h，然后将体系压力逐步（3h 内）降至 0.015MPa，升温至 180℃，搅拌反应 24h（在反应前期采用循环水泵抽真空，后期采用旋片式真空泵抽真空）。反应结束后，打开体系并冷却，产物用丙酮溶解，然后用甲醇沉淀，洗涤，再用冷水洗涤。滤干，产物在 40℃真空干燥 24h，得到白色粉末状固体聚合物 PLA。

在这一步骤中，要注意起始升温速度应较为缓慢，避免快速升温造成暴沸；体系反应温度较高，反应时间较长，注意安全，防止起火，同时做好真空泵的降温处理，避免损坏。

b．聚乳酸结构与性能表征。

黏均分子量（M_v）测定：精确称量聚乳酸，以 THF 为溶剂配制成溶液，浓度为 0.5g/dL，恒温水浴（30.0±0.1）℃，用乌氏黏度计测定流出时间 t（s），同时测出纯溶剂的流出时间 t_0（s），用式（4-5）求其特性黏度（η），用式（4-6）计算 PLA 黏均分子量（M_v）：

$$[\eta]=\frac{\sqrt{2(\eta_{sp}-\ln\eta_r)}}{c} \tag{4-5}$$

$$[\eta]=1.25\times10^{-4}{M_v}^{0.717} \tag{4-6}$$

式中，η_r 为相对黏度，稀溶液中心 $\eta_r=t/t_0$；η_{sp} 为增比黏度，$\eta_{sp}=\eta_r-1$；c 为溶液浓度，g/dL。

凝胶渗透色谱（GPC）测定平均分子量及其分布：以 THF 为洗脱剂，聚苯乙烯（PS）为标样，洗脱速率 1mL/min，测试温度 40℃，测定数均分子量（M_n）与重均分子量（M_w）。

红外光谱分析：将纯化的聚乳酸压膜，采用 FT-IR 分析。

玻璃化转变温度（T_g）测定：用差示扫描量热仪（DSC）测定聚乳酸 T_g。

核磁共振测定结构：以 $CDCl_3$ 为溶剂，TMS 为内标进行测定。

⑤ 实验数据记录

实验名称：直接缩聚法合成聚乳酸

姓名：______ 班级组别：______ 同组实验者：________

实验日期：____年___月___日 室温：____℃ 湿度：______ 评分：____

（一）聚合条件

聚乳酸合成：

乳酸(LA)：_____g 己内酰胺：_____g $SnCl_2 \cdot 2H_2O$：_____g 温度：_____℃

压力：_____Pa 产量：_____

（二）聚乳酸的平均分子量

M_v：_______ M_n：_______ M_w：_______ PDI：_______ T_g：_______

（三）聚乳酸的红外光谱与核磁共振谱图

⑥ 问题与讨论

a．为什么要进行预脱水处理？能不能直接升温至 180℃？

b．如何有效提高缩聚反应产物的平均分子量？

（2）开环聚合制备高分子量聚乳酸

① 实验目的

a．熟悉丙交酯的制备方法及其开环聚合机理。

b．学习开环聚合法制备高分子量聚乳酸的方法。

② 实验原理与相关知识

丙交酯开环聚合可得到分子量较高的聚乳酸，也比较纯净，应用广泛，但是其合成工艺复杂，收率较低，成本较高。丙交酯开环聚合的催化剂有酶催化剂、阳离子催化剂、阴离子催化剂及配位催化剂等，不同催化剂聚合机理也不相同。作为食品添加剂使用的辛酸亚锡可用于催化内酯的聚合，应用于丙交酯开环聚合反应中，显示出很高的催化活性。辛酸亚锡具有有机溶剂溶解性好、储存稳定性高、催化活性高、用量少等特点。其聚合机理普遍认为属于配位-插入聚合机理（图 4-14）。

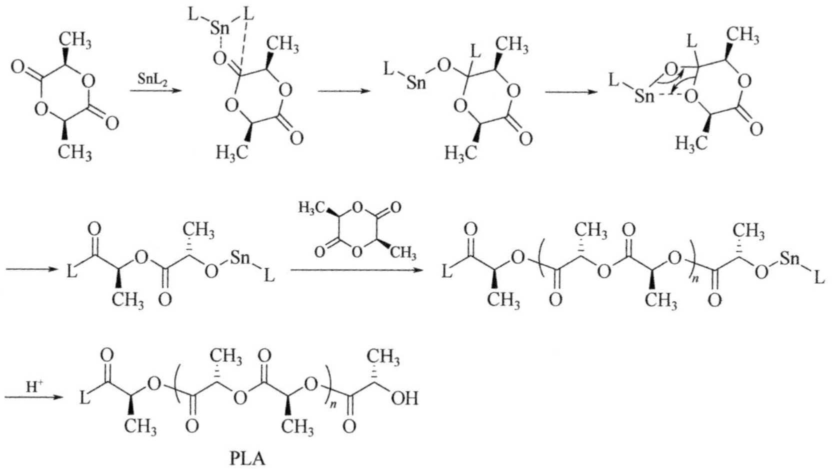

图 4-14　配位-插入聚合机理

本实验练习丙交酯的合成工艺及开环聚合法制备高分子量聚乳酸的工艺。

③ 试剂与仪器

本实验用到的试剂有：L-乳酸（80%）、辛酸亚锡、乙酸乙酯、三氯甲烷、甲苯、5A 型分子筛、$CDCl_3$、TMS。

本实验用到的仪器有：茄形烧瓶（100mL，25mL）、安瓿（25mL）、集热式恒温磁力搅拌器、油浴装置、蒸馏系统、减压系统、循环水真空泵、真空干燥箱、乌氏黏度计、红外光谱仪、差示扫描量热仪(DSC)、GPC、NMR、移液管、天平。

④ 实验步骤

a．丙交酯的制备。在 100mL 茄形烧瓶上装配磁力搅拌器、油浴装置、蒸馏装置，加入 40mL L-乳酸溶液、1.6g 辛酸亚锡。油浴加热，缓慢升温并减压，温度升到 115℃，真空度达到 0.02MPa，脱游离水 2h。此升温与减压同步进行（每升温 5℃减压一次），温度升至 175℃，真空度达到 0.08MPa，保持此状态继续脱水 2h，得到乳酸低聚物。

乳酸低聚物进一步解聚得到丙交酯：真空度升至 0.098MPa，迅速将温度升至 240℃蒸出丙交酯，最终解聚温度升至 285℃，直至无丙交酯蒸出为止。将粗品丙交酯用水洗涤，抽滤，40℃真空干燥 4h，用乙酸乙酯提纯，最终得到无色透明的细针状晶体，即丙交酯，必要时用甲醇重结晶。

b．丙交酯开环聚合制备聚乳酸。在25mL茄形烧瓶（或安瓿）上装配磁力搅拌器、油浴装置、减压装置，加入5g丙交酯（单体，甲醇重结晶）、14.05mg辛酸亚锡（单体的0.1%，摩尔分数）、1mL甲苯（溶剂，干燥后新蒸馏）。充分混合后，60℃下抽真空除去甲苯。然后在真空度为0.098MPa的封闭系统中，130℃下开环聚合反应6h。自然冷却，得到乳白色块状聚乳酸，用三氯甲烷溶解，甲醇沉淀，过滤，35℃真空干燥24h，得到白色絮状纤维固体PLA。

c．聚乳酸物理参数测定。

黏均分子量测定：方法参考实验“直接缩聚法合成聚乳酸”，并比较结果。

红外光谱分析：扫描范围为4000～400cm^{-1}。

玻璃化温度与热稳定性测定：采用差示扫描量热仪（DSC）测定聚合物T_g。利用热分析仪测试聚合物的热稳定性能，温度范围为20～600℃，升温速度为10℃/min。

凝胶渗透色谱（GPC）测定平均分子量及其分布：以THF为洗脱剂，PS为标样，洗脱速率为1mL/min，测试温度为40℃。

核磁共振测定结构：以$CDCl_3$为溶剂、TMS为内标进行测定。

⑤ 实验数据记录

实验名称：开环聚合制备高分子量聚乳酸

姓名：______ 班级组别：______ 同组实验者：________

实验日期：____年___月___日 室温：____℃ 湿度：______ 评分：____

（一）聚合条件

丙交酯产率：

纯度：

聚乳酸合成聚合条件：

80%的L-乳酸：_____g 辛酸亚锡：_____g 乙酸乙酯：_____mL

三氯甲烷：_____mL 甲苯：_____mL

（二）聚乳酸的平均分子量

黏均分子量（M_v）测定：______ M_n：______ M_w：______ PDI：______

IR 数据：

NMR 数据：

玻璃化温度：________ 热分解温度：________

⑥ 问题与讨论

a. 查阅资料，熟悉丙交酯开环聚合的其他机理。

b. 影响丙交酯的收率和聚乳酸的产率的因素有哪些？

4.5 智能高分子材料的合成

4.5.1 智能高分子材料

智能高分子也称为刺激响应性或环境敏感高分子，其受到外界刺激时，聚合物结构、形态或性质等特性可发生变化。其中，外界刺激指物理刺激（应力、温度、光、电、磁、超声等）、化学刺激（溶剂、离子及其强度、电化学、pH 值等）、生物刺激（氧化还原、葡萄糖、蛋白质、酶、抗体）等。材料的响应可以是多种多样的，如形状、颜色、透光性、黏附性、渗水性、导电性等，部分高分子表现出多重响应性。

由蛋白质、多糖、核酸等生物高分子所构筑的生物体系，能够精确地响应外界环境微小的变化，而行使其相应的生物学功能（如单个细胞的生命活动）。许多合成高分子也具有类似的外界刺激响应性质，常见刺激响应性高分子及功能基如图 4-15 所示。其他典型的刺激响应包括：海藻酸盐、壳聚糖对离子响应，甲基丙烯酸酯共聚物对有机溶剂响应，聚吡咯、聚噻吩凝胶对电势响应，聚(*N*-乙烯基咔唑)复合材料对红外辐射响应等。通过功能单元与链结构结合于高分子链，可实现刺激响应性高分子材料的合成。典型聚合与构筑方式有共聚反应、互穿聚合物网络（IPN）、活性聚合、接枝聚合、电离辐射、表面接枝等，从而形成聚合物颗粒（胶束、微米或纳米颗粒、微囊、杂化颗粒）、膜（多孔膜、包装膜）、凝胶（水凝胶、微凝胶、有机凝胶、金属凝胶）等不同形态。

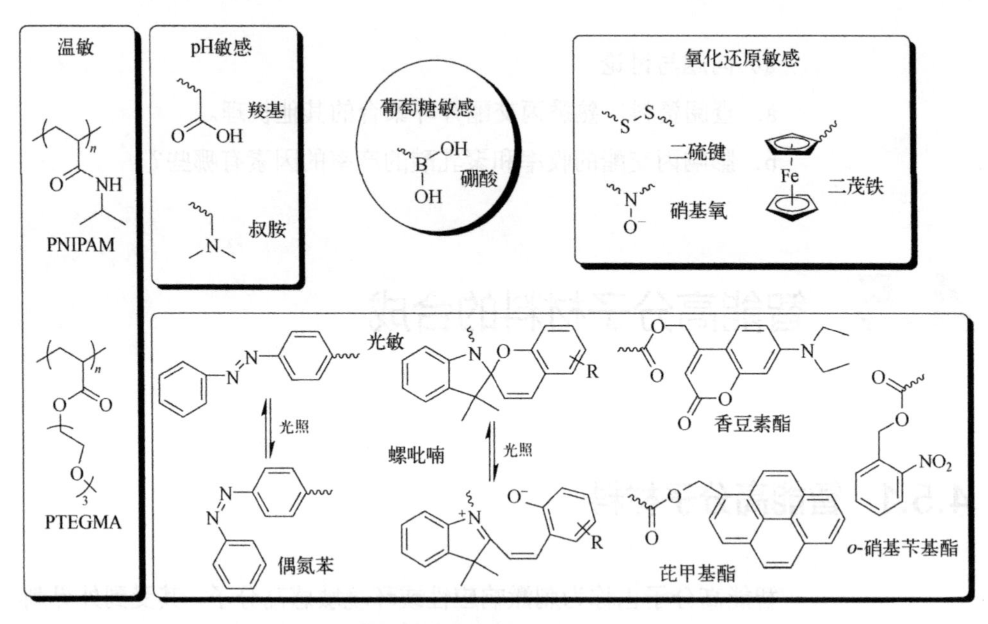

图 4-15　常见刺激响应性高分子及功能基结构单元

智能高分子材料具备药物控释、基因输送与基因治疗、生物传感、分子开关、蛋白质折叠、人工肌肉（驱动器）、生物分离与生物催化、智能涂层、防污与油品回收、环境监测与修复等诸多功能。因此，可应用于生物医药与生物技术、纺织品、环境、电子与电气、汽车等领域。

4.5.2　智能高分子材料的合成测试

（1）聚 *N*，*N*-二乙基丙烯酰胺的合成

① 实验目的

a．学习温敏性高分子材料的合成方法；学习原子转移自由基聚合技术。

b．掌握聚合物温度敏感性测定技术。

② 实验原理与相关知识。温度响应性聚合物链上含有一些亲水、

疏水基团，聚合物溶液的温度发生改变，引起溶液中聚合物链上基团的亲/疏水性的平衡比变化，从而导致聚合物在溶液中溶解度发生巨大变化，即产生临界溶解温度（CST）。通常具有低临界溶解温度（LCST）和高临界溶解温度（UCST）。当溶液温度升高时，聚合物在溶液中由溶解状态改变为不溶解状态的温度点就是 LCST；相反，当溶液温度升高时，聚合物由不溶解状态变为溶解状态的温度点就是 UCST。临界溶解温度也可用浑浊点（CP）表示。图 4-16 中列出了常见温敏聚合物结构式、缩写及临界点（或浑浊点）。

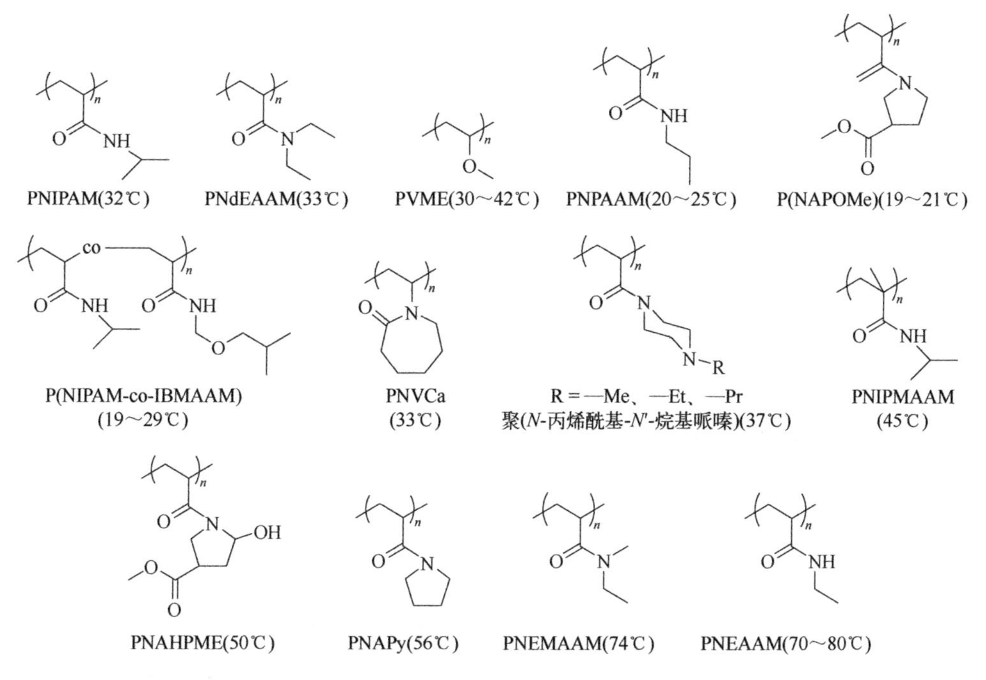

图 4-16　常见温敏聚合物结构式、缩写及临界点（或浑浊点）

常见温敏聚合物有聚 *N*-烷基丙烯酰胺类、聚乙烯基醚、聚氨酯等，以及聚(2-羟丙基丙烯酸酯)（LCST 30～60℃）、弹性蛋白聚五肽（LCST 28～30℃）、聚(2-异丙基-2-噁唑啉)（PiPrOX）（LCST 36℃）、聚环氧乙烷-聚环氧丙烷-聚环氧乙烷（PEO-PPO-PEO）嵌段共聚物（LCST 20～85℃）、聚环氧乙烷（PEO）（UCST 230℃）、聚甲基丙烯酸甲酯（PMMA）（UCST 87℃以上）、聚丙烯酰胺与聚丙烯酸互穿网络结构（UCST 25℃）。

聚 *N,N*-二乙基丙烯酰胺（PNdEAAM）是一种典型的温敏性聚合物，其最低临界溶解温度（LCST）在 25～36℃。当溶液温度低于 LCST 时，聚合物完全溶解于溶剂中；当温度高于 LCST 时，PNdEAAM 溶液发生相分离。采用原子转移自由基聚合（ATRP）技术时，ATRP 引发剂的结构决定所得聚合物的端基结构。因此，不但可实现聚合物分子量可控，也可使端基功能化，从而为聚合物的进一步化学改性奠定基础。本实验以常见的 2-溴代异丁酸为引发剂，采用 ATRP 的方法制备末端功能化的聚 *N*，*N*-二乙基丙烯酰胺（PNdEAAM），并考察端基功能化聚合物在溶液中的温度响应性。反应如图 4-17 所示。

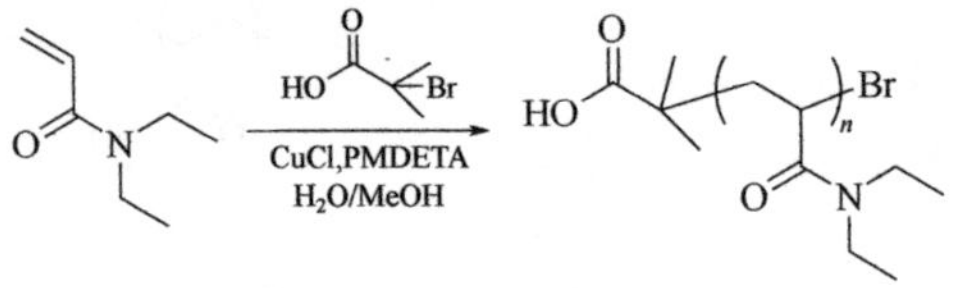

HO Br CuCl,PMDETA H_2O/MeOH O N HO Br n

图 4-17　采用 ATRP 方法制备末端功能化聚 *N*，*N*-二乙基丙烯酰胺反应示意图

③ 试剂与仪器

本实验用到的试剂有：*N*，*N*-二乙基丙烯酰胺、氯化亚铜、2-溴代异丁酸、甲醇、四氢呋喃、正己烷、蒸馏水。

本实验用到的仪器有：三颈烧瓶（50mL）、气体保护装置、磁力搅拌装置、烧杯（250mL）、透析袋（MWCO=1000D）、可见-紫外分光度计、天平、量筒。

④ 实验步骤

末端功能化聚 *N,N*-二乙基丙烯酰胺（PNdEAAM）的合成：

在干燥的三颈烧瓶（50mL）中，依次加入 22mg（0.125mmol）PMDETA（配位剂）、10mL 甲醇、21mg（0.125mmol）2-溴代异丁酸（引发剂）、1.040mL（7.2mmol）*N,N*-二乙基丙烯酰胺（单体）、8mL 蒸馏水。在氮气保护下，磁力搅拌。迅速加入 12.5mg（0.126mmol）CuCl，30℃反应 24h。

进入空气并终止反应，将最终产物转入透析袋，在蒸馏水中透析，每 24h 更换一次透析液，共进行 3 次。45℃真空干燥，得到 PNdEAAM。

将干燥好的产物溶解在 3mL THF 中，滴加到 50mL 正己烷中，出现大量白色沉淀，过滤，得到白色粉末。如此纯化 3 次，将最终产物真空干燥 24h，得白色固体，即末端功能化聚 *N,N*-二乙基丙烯酰胺（PNdEAAM），称重，计算产率。测定 PNdEAAM 分子量及其分散度。

⑤ 实验数据记录

实验名称：聚 *N,N*-二乙基丙烯酰胺的合成

姓名：______ 班级组别：______ 同组实验者：________

实验日期：____年___月___日 室温：____℃ 湿度：______ 评分：____

（一）PNdEAAM 的制备

单体：_____g 2-溴代异丁酸：_____g CuCl：_____g 甲醇：_____mL

蒸馏水：_____mL PMDETA：_____g 聚合温度：_____ 产量：_____g

产率：_____%

（二）表征

分子量测定数据：

核磁共振谱数据

⑥ 问题与讨论

a．简述原子转移自由基聚合技术（ATRP）的聚合机理。

b．查阅资料，总结温敏性高分子的结构特征。

（2）聚离子液体微球的合成

① 实验目的

a．掌握利用分散聚合技术制备聚离子液体微球；了解聚离子液体的应用领域。

b．了解电流变的概念及用途；学习高分子离子液体的电流变性能测试方法。

② 实验原理与相关知识

聚离子液体(PILs)是指由离子液体单体聚合生成的，在重复单元上具有阴、阳离子基团的一类离子液体聚合物，兼具离子液体和聚合物的优良性能。作为一类新型高分子电解质，它同时具有聚合物和离子液体的双重特性（离子导电性、热稳定性、可调节的溶解性和化学稳定性等），并且克服了离子液体的流动性。近年来，其已经在高分子化学、电化学、材料科学及能源科学等领域得到极大重视与应用，并在智能材料、能源材料、催化、吸附分离等相关领域取得了显著进展。

电流变液（ERF）是将高介电常数的半导体（或非导电颗粒）分散到某种绝缘油中形成的悬浮体系。ERF 是一种智能软材料：当未施加电场时，电流变液表现为牛顿流体的特性；当施加电场时，介电颗粒迅速形成链状结构，此时电流变液呈现较高的黏度，具有一定的剪切屈服强度，其宏观力学行为类似于固体物质。这种结构转变，不仅影响其力学性能，还对电学、光学、电磁学、声学等性质均有显著影响。其具有快速响应、可逆性和低耗电方面的优势，使得电流变液在电-机械转换设备方面备受关注，例如离合器、阻尼器、阀门、制动器和减震器等。近年来，电流变液流体已成为国内外广泛重视的新型智能材料。

聚离子液体可用作电流变材料，这是因为离子电导率与离子液体中离子的移动速率相关。由于聚合作用，聚离子液体中的离子移动速率显著降低，导致聚离子液体的离子电导率要比相应的离子液体单体降低至少两个数量级，但电导率降低后的聚离子液体却正好处在电流变体系的应用范围内。

本实验开展以咪唑基聚离子液体为基体的电流变材料的制备。首先，通过分散聚合的方法制备聚离子液体微球（图 4-18）。

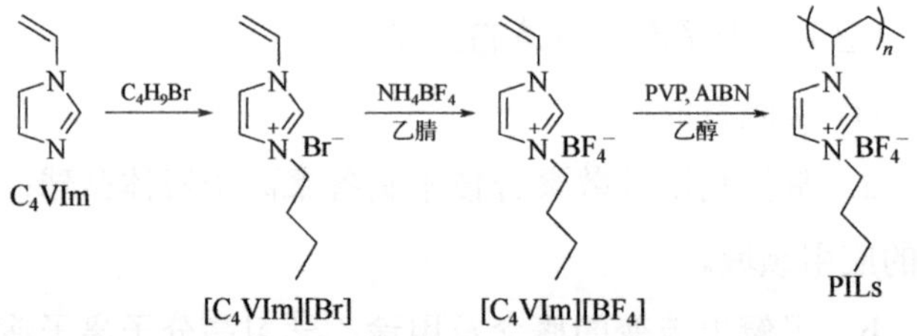

C_4VIm —(C_4H_9Br)→ $[C_4VIm][Br]$ —(NH_4BF_4, 乙腈)→ $[C_4VIm][BF_4]$ —(PVP, AIBN, 乙醇)→ PILs

图 4-18　通过分散聚合方法制备聚离子液体微球的反应示意图

其次，采用 FT-IR、NMR、XRD 等对其进行结构表征，利用热失重测定聚合物的热稳定性，利用 SEM 观察聚离子液体的微观形貌。最后，进行电流变效应的初步测试。

③ 试剂与仪器

本实验用到的试剂有：1-乙烯基咪唑、溴代正丁烷、NH_4BF_4、硝酸银、乙腈、乙酸乙酯、偶氮二异丁腈（AIBN）、聚乙烯基吡咯烷酮（PVP）（重均分子量 3.6×10^5）、无水乙醇、蒸馏水、二氯甲烷、二甲基硅油（用于配制电流变液）。

本实验用到的仪器有：三颈烧瓶（100mL、50mL）、恒压滴液漏斗、加热搅拌器、机械搅拌装置、回流冷凝管、锥形瓶过滤装置、温度计（200℃）、水浴装置、冷冻干燥机、离心机、红外光谱仪、核磁共振波谱仪、X 射线衍射仪（XRD）、热重仪（TG）、扫描电子显微镜（SEM）、旋转流变仪（Anton Paar MCR-502 型）、天平。

④ 实验步骤

a．单体的制备。

1-丁基-3-乙烯基咪唑溴化物制备：在 50mL 三颈烧瓶中加入 4.69g（0.05mol）1-乙烯基咪唑，然后逐滴加入 9.67g（0.07mol）溴代正丁烷，在 55℃下磁力搅拌 24h。最后在反应混合物中加入乙腈和乙酸乙酯，重结晶三次，得到白色晶体，在 50℃下真空干燥 24h。

1-丁基-3-乙烯基咪唑四氟硼酸盐制备：将 4.55g（0.02mol）1-丁基-3-乙烯基咪唑溴化物溶解在 50mL 乙腈溶液中，加入 2.59g（0.02mol）四氟硼酸铵，在 40℃下搅拌 24h。过滤后，使用旋转流变仪除去乙腈。用 30mL 二氯甲烷和 5mL 水洗涤产物数次。使用硝酸银检测残余的溴离子，产物在 50℃真空干燥 24h。

b．聚离子液体（PILs）微球的制备。将 3.00g（0.01mol）1-丁基-3-乙烯基咪唑四氟硼酸盐、0.22g PVP、0.08g AIBN、35mL 乙醇加入 100mL 三颈烧瓶中，在室温下搅拌 30min，升温至 74℃反应 15h，搅拌速率为 300r/min。最后，用乙醇洗涤沉淀物并离心分离，冷冻干燥最终产物，得到聚（1-丁基-3-乙烯基咪唑四氟硼酸盐）颗粒。

⑤ 实验数据记录

实验名称：聚离子液体微球的合成

姓名：______ 班级组别：______ 同组实验者：________

实验日期：____年___月___日 室温：____℃ 湿度：______ 评分：____

（一）聚合单体的制备

（1）1-丁基-3-乙烯基咪唑溴化物的制备

1-乙烯基咪唑：_____g 溴代正丁烷：_____g 温度：_____℃ 产量：_____g

产率：_____

（2）离子交换制备

乙烯基咪唑溴盐: _____g NH_4BF_4: _____g 乙腈: _____mL 温度: _____℃

产量: _____g 产率: _____%

（二）聚合

单体: _____g AIBN: _____g 聚合温度: _____℃ 聚合时间: _____h

PVP: _____g 乙醇: _____mL 反应时是否通 N_2: ______ 转速: ______

产量: ______ 产率: _____%

⑥ 问题与讨论

a. 分析测试数据，查阅资料并进行比较。

b. 查阅聚合技术相关资料，讨论分散聚合原理。并解释 PVP 的作用机理。

c. 查阅资料，了解基于聚离子液体的温敏性纳米凝胶的制备方法。

d. 查阅资料，并检索有关聚离子液体的最新研究与综述论文，了解聚离子液体的制备方法与应用领域还有哪些方面。

e. 尝试设计一类新型结构的聚离子液体。

4.6 其他高分子材料合成

4.6.1 吸附性高分子材料的合成

（1）吸附性高分子材料

吸附材料是指能有效地从气体或液体中吸附某些成分的固体物质，也称吸附剂、吸收剂。吸附材料具有脱除、纯化、分离等功能。高分子吸附材料又称为高分子吸附剂、吸附树脂。目前，高分子吸附材料应用广泛，如废水处理、食品加工、药剂分离和提纯、血液净化、有机物分离纯化、化工制备与产品纯化、气体色谱及凝胶渗透色谱柱的填料（分析技术）等。其特点是容易再生，可以重复使用。若配合阴、阳离子交换树脂，可以达到极高的分离净化水平。

高分子吸附材料，从广义上来看包括离子交换树脂、吸附树脂及高分子分离膜。其中，离子交换树脂是指具有离子交换基团的高分子化合物，其本质上属于反应性聚合物。利用官能团上的功能基团与料液中的阴、阳离子发生置换反应，从而达到净化或纯化分离的目的。根据官能团类型，离子交换树脂主要有四种基本类型：强酸性阳离子树脂、弱酸性阳离子树脂、强碱性阴离子树脂、弱碱性阴离子树脂。在实际使用中，常将这些树脂转变为其离子形式运行，以适应各种需要。

吸附树脂是在离子交换树脂基础上发展起来的一类具有特殊吸附功能的高分子化合物。其种类繁多，可根据非极性、中极性、极性、强极性将吸附树脂分类。按树脂形态与孔结构可分为球形树脂（大孔、凝胶、大网）、离子交换纤维与吸附性纤维、无定性颗粒吸附剂三大类。

不同结构高分子材料在吸附过程中，与被吸附物的作用力（即吸附机理）有所不同，主要有离子交换、范德华力、静电作用、氢键、络合作用和化学反应等。因此，要根据被吸附成分的不同，选择相应的吸附剂。

（2）吸附性高分子材料的合成

这里主要介绍磁性壳聚糖复合材料合成测试实验。

① 实验目的

a. 了解壳聚糖的性质与用途；学习磁性壳聚糖复合材料的合成原理与方法。

b. 学习重金属离子的吸附原理和静态吸附实验。

② 实验原理与相关知识

甲壳素广泛存在于蟹、虾、藻类、真菌等低等动植物中，含量极其丰富，但不溶于水和普通有机溶剂，限制了其应用范围。壳聚糖（CS）是一种经甲壳素部分脱乙酰化制得的碱性多糖。壳聚糖可溶于大多数稀酸，如盐酸、乙酸、苯甲酸溶液，其应用范围也相应较大。壳聚糖是以氨基葡萄糖为单元结构的线型高分子，是自然界含量最多的碱性多糖，分子量从数十万至数百万不等。壳聚糖大分子链上分布着许多羟基、氨基，还有部分的*N*-乙酰基，这些基团的存在使壳聚糖表现出许多独特的化学性质。壳聚糖及其衍生物在纺织、印染、造纸、医药、食品、化工、生物、农业等众多领域具有许多应用价值，越来越受到人们的关注。

作为一类亲水性生物高分子，壳聚糖具有无毒、生物可降解性、生物相容性、多功能性、高化学反应性，在水处理方面也有极其重要的应用，是一种性能优良、开发应用前景广阔的新型水处理材料。壳聚糖对金属离子具有良好的络合、吸附性能，这是由于聚合物中羟基的亲水性；存在大量吸附功能基（酰胺基、氨基和羟基）；这些吸附功能基有良好的化学反应性，易于改性；聚合物链有良好的灵活性。

研究表明：当处理完重金属离子或有机染料等污染物之后，需要通过复杂的处理方法将壳聚糖或改性壳聚糖从废水中分离出来，经济成本较高，而且壳聚糖能溶于弱酸中，稳定性较差。采用磁性材料与壳聚糖复合，得到磁性壳聚糖复合物，不仅能够提高其稳定性，而且很容易将其分离，并且有良好的吸附性能。

本实验将壳聚糖（CS）与磁性物质（Fe_3O_4）结合，制备磁性壳聚糖复合材料（M-CS），并将其作为高分子吸附材料，应用于处理水中重金属钯（VI）离子的脱除。

③ 试剂和仪器

本实验用到的试剂有：壳聚糖、$FeCl_3\cdot6H_2O$（AR）、$FeSO_4\cdot7H_2O$（AR）、NaOH（AR）、盐酸（AR）、二苯卡巴肼（AR）、硫酸（AR）、磷酸（AR）、乙酸（AR）、丙酮、氨水（25%）、重铬酸钾、蒸馏水。

本实验用到的仪器有：三颈烧瓶（250mL）、磨口锥形瓶（250mL）、容量瓶（1000mL、500mL）、氮气袋、电动搅拌器、pH 计、水浴恒温振荡器、真空干燥箱、超声仪、紫外-可见分光光度计、电子天平、恒压滴液漏斗。

④ 实验步骤

a. 纳米四氧化三铁磁粉的制备。

在三颈烧瓶（250mL）上配置电动搅拌器、氮气入口、恒压滴液漏斗及加热装置。取 2.3g 六水合三氯化铁，溶解于 50mL 蒸馏水中，再加入 1.3g 七水合硫酸亚铁，在搅拌和氮气保护下将温度升至 70℃，将20mL氨水滴加到三颈烧瓶中，反应温度升至85℃并保温1h，用磁铁把产物分离，并用蒸馏水和乙醇分别清洗数次，最后将产物置于40℃真空干燥箱中干燥24h，即得到干燥的Fe_3SO_4纳米磁粉。

b．磁性壳聚糖复合材料（M-CS）的制备。准确称取0.50g壳聚糖放入三颈烧瓶中（250mL），加入50mL 4%（体积分数）乙酸溶液，搅拌至壳聚糖完全溶解。加入0.50g的Fe_3SO_4，室温下充分磁力搅拌30min，然后加入50mL NaOH溶液（1mol/L），抽滤，用蒸馏水将复合物洗至中性，60℃真空干燥，即得到磁性壳聚糖复合材料（M-CS）。

⑤ 实验数据记录

实验名称：磁性壳聚糖复合材料合成

姓名：______ 班级组别：______ 同组实验者：________

实验日期：____年___月___日 室温：____℃ 湿度：______ 评分：____

（一）纳米四氧化三铁磁粉的制备

六水合三氯化铁：____g 七水合硫酸亚铁：____g 氨水：____mL

温度：____℃ 开始通N_2时间：______ 反应时间：____min 产量____g

（二）磁性壳聚糖（M-CS）的制备

壳聚糖：____g 4%（体积分数）乙酸溶液：____mL 温度：____℃

搅拌时间：____min 产量：____g

⑥ 问题与讨论

查阅资料，为什么壳聚糖可以吸附重金属离子？合成磁性壳聚糖时为什么要先加乙酸，再加入氢氧化钠溶液？

4.6.2 高吸水高分子材料的合成

（1）高吸水高分子材料

高吸水高分子（SAPs）是一类带有大量亲水基团的低交联结构的聚合物，具有高吸水功能与优良保水性能，也称为高吸水性树脂、超溶胀高分子、高吸水保水剂。它能吸收比自身重几倍到几千倍的水，一旦吸水膨胀成为水凝胶，即使加压也很难把水分离出来，但经干燥以后可以恢复其吸水性能。SAPs 以其高吸液能力、高吸液速度和高保液能力，广泛应用于医药卫生、农业与园艺、能源、建筑、水处理等诸多领域。

高吸水性树脂在结构上应具有三个特点：一是分子中具有强亲水性基团，与水接触时，聚合物分子能与水分子迅速形成氢键，对水等强极性物质有一定的吸附能力。典型合成高分子有聚（甲基）丙烯酸（盐）、聚（甲基）丙烯酸羟基烷基酯、聚乙烯基吡咯烷酮、聚乙二醇、聚丙烯酰胺、聚乙烯醇等。二是聚合物通常为交联结构，在溶剂中不溶，吸水后能迅速溶胀。水被包裹在呈凝胶状的分子网络中，不易流失和挥发。三是聚合物应具有一定的立体结构和较高的分子量，吸水后能保持一定的机械强度。

（2）高吸水高分子材料的合成

这里主要介绍聚丙烯酸钠接枝淀粉的合成测试实验。

① 实验目的

a．掌握接枝聚合原理；学习制备超吸水性高分子材料的主要方法。

b．认识超吸水性树脂的结构特点与用途。

② 实验原理与相关知识

含大量羟基的多糖类天然高分子材料本身就具有一定的吸水性，如棉布、纸张、面粉等能吸收自重的 10～20 倍的水。将这些天然高分子（淀粉、纤维素）进行接枝聚合，引入大量亲水性基团，就能得到改性天然高分子吸水树脂。接枝的单体既可以是丙烯酸，又可以是丙烯腈接枝后再水解成亲水性的酰氨基、羧基或羧基负离子。若在接枝反应中加入少量可交联的单体，可得到具有网络结构的吸水树脂，其保水性和强度都会提高。

聚丙烯酸钠接枝淀粉的合成反应中，用过渡金属铈（Ce^{4+}）盐引发接枝的反应机理如图 4-19 所示。

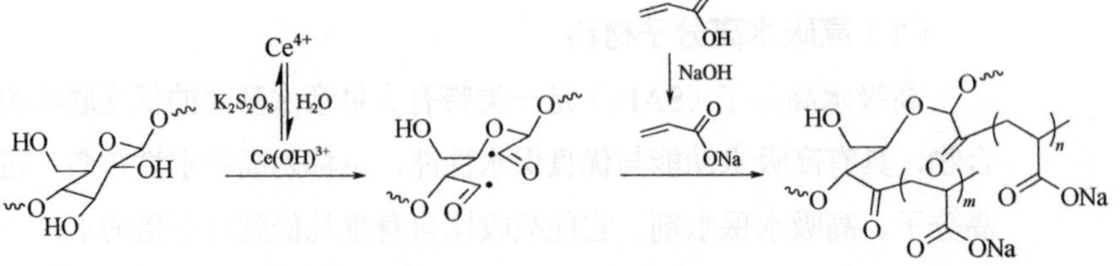

图 4-19　用过渡金属铈（Ce^{4+}）盐引发接枝的反应机理示意图

淀粉单糖基中的邻二醇结构被引发剂［$Ce(OH)^{3+}$］氧化成二醛结构，醛基进一步氧化成酰基自由基引发单体聚合。过硫酸钾可以把Ce^{3+}氧化成Ce^{4+}，因此加入过硫酸钾可提高引发效率，降低铈（Ce^{4+}）盐用量。

本实验用淀粉接枝聚丙烯酸，为避免羧基间氢键作用发生凝胶化，淀粉糊化后在碱性介质中进行接枝反应。

③ 试剂和仪器

本实验用到的试剂有：淀粉、丙烯酸（新蒸馏）、硝酸铈铁、过硫酸钾、氢氧化钠、无水乙醇、蒸馏水。

本实验用到的仪器有：四颈烧瓶（250mL）、恒温水浴装置、搅拌器、回流冷凝管、温度计、注射器、滴液漏斗、表面皿、烧杯、滤纸、离心机、真空干燥箱、电子天平。

④ 实验步骤

a．在四颈烧瓶（250mL）上配置搅拌器、回流冷凝管、滴液漏斗、温度计、氮气通入装置及水浴装置。加入40mL脱氧蒸馏水、4g淀粉，N_2保护下搅拌，水浴加热至70～80℃，糊化0.5h（淀粉糊化时要求有氮气保护）。然后，反应温度降至35℃。

b．搅拌下，加入40mL 20%的氢氧化钠水溶液，滴加10g丙烯酸（单体）。搅拌均匀后，加2.5mL硝酸铈铁水溶液（1%）和2.5mL过硫酸钾水溶液（0.4%）。中速搅拌下，40℃聚合反应3h（接枝共聚的温度不能太高，时间不能太长，否则接枝效率与接枝率都要下降）。将反应混合物倒入300mL无水乙醇中沉淀，离心分离，吸去上层清液，抽滤，用乙醇洗涤两次。将产物倒入表面皿中，50℃真空干燥，得到聚丙烯酸钠接枝淀粉固体，称量。

⑤ 实验数据记录

实验名称：聚丙烯酸钠接枝淀粉的合成

姓名：______ 班级组别：______ 同组实验者：________

实验日期：____年___月___日 室温：____℃ 湿度：______ 评分：____

聚丙烯酸钠接枝淀粉的合成

聚丙烯酸钠接枝淀粉粉末质量：____g

⑥ 问题与讨论

a．计算淀粉的接枝效率与接枝率。

b．试述高吸水性树脂的吸水机理，分析高吸水性树脂对蒸馏水、自来水及生理盐水的吸水率的差别。

c．查阅资料，设计无机/有机复合型高吸水性树脂的制备方案。

第5章

合成高分子材料应用

高分子材料已经成为一个研究热点，通过对高分子材料进行科学开发和利用，可以使人类改造自然、创造社会的能力达到一个新的高度。如今，高分子材料已渗透到工农业以及人们的衣、食、住、行的各个方面，我们的生活已经离不开高分子材料。在本章中，将对高分子材料的应用进行详细探究。

5.1 合成高分子材料在建筑行业的应用

建造建筑物时所用的各种材料的总称，便是建筑材料。建筑材料品种繁多，包括结构材料、墙体材料、屋面材料、地面材料、绝热材料、吸声材料以及装饰材料等。另外，建筑材料性能各异、用途广泛。而高分子建筑材料只是建筑材料中的一个类别，其主要包括建筑塑料、建筑涂料、建筑防水材料、密封材料、隔热保温材料、吸声材料、建筑胶黏剂、混凝土外加剂等。

5.1.1 高分子材料用于建筑业的优势

在建筑行业中，运用高分子材料有以下几个优势。

① 优异的性能。高分子材料具有耐腐蚀、不霉不蛀的性能，适用于潮湿、易腐蚀的建筑物使用；自重轻，便于施工及运输；相比于传统材料，其能提高防水、防渗和密封性。

② 节能环保。无论是生产环节还是使用环节，高分子材料比金属材料更具低碳环保性。

③ 节约木材，节约钢材。我国是一个森林资源缺乏的国家，钢材供应也不平衡，高分子材料既有木材的某些特性，又有钢材的某些特性，是代钢、代木的好材料。同时，也为发展林业，保护生态平衡起到了积极作用。

5.1.2 建筑涂料

（1）涂料组成与基料

涂敷于物体表面，能与物体黏结在一起，并能形成连续性涂膜，从而使物体起到装饰、保护或使物体具有某种特殊功能的材料，便是涂料。

涂料的组成可分为主要成膜物质、次要成膜物质、溶剂和助剂四类。其中，主要成膜物质又称基料、胶黏剂或固化剂。它的作用是将涂料中的其他组分黏结在一起，并能牢固地附着在基层表面，形成连续均匀、坚韧的保护膜，并具有较高的化学稳定性和一定的机械强度。

涂料的基料主要是合成高分子，其性质最终决定了涂料的涂膜硬度、柔性、耐磨性、耐冲击性、耐水性、耐热性、耐候性及其他物理化学性能。因此，用作建筑涂料的基料应有以下几个特点。

① 有较好的耐碱性。因建筑涂料的应用对象往往是碱性很大的水泥混凝土或水泥砂浆，涂层不应受到碱性的影响而破坏。

② 能常温成膜。由于建筑物表面积大，层高较高，建筑涂料涂刷在建筑物表面难以进行加热固化，故建筑涂料一般应能在室温下干燥成膜。

③ 具有较好的耐水性。建筑涂料在使用过程中经常会遇到雨水或其他用水的冲刷，耐水性不好的基料容易被破坏。

④ 具有较好的耐候性。建筑物外露部位的表面涂层长年受到日光、雨水及有害大气侵蚀，因此，建筑涂料对此应有一定的抵抗能力。

⑤ 来源广泛，资源丰富，价格便宜。

（2）建筑涂料的应用

当前，建筑涂料主要用于建筑物内外墙、顶棚、地面，还包括门窗、走廊、楼梯扶手、水箱、屋面防水等工程表面及所有附属金属构件和木质件表面的涂覆。目前，我国建筑涂料的主要基料有聚乙烯醇、聚乙酸乙烯酯及其共聚物、丙烯酸酯及其共聚物、环氧树脂、氯化橡胶、聚氨酯等。其中以丙烯酸酯及其共聚物的乳液使用最为广泛。今后建筑涂料主要向低VOC（有机挥发物）、功能化和复合化、高性能、高品质、水性化、环保、抗污和抗菌化方向发展。

① 建筑外墙涂料。在建筑所用的涂料中，外墙涂料可以说是用量最大的一种，对现代建筑物外装饰具有重要的作用。外墙涂料使用环境比内墙涂料恶劣，必须能承受风雨侵袭和冷热交替的破坏、太阳紫外线的辐射、空气的污染及酸雨的侵蚀，因此对其耐洗刷性、耐候性、抗粉化性、表面强度和耐磨性、抗冲击性及色泽的耐晒性等技术指标都具有较高的要求，特别是高层建筑的兴起，对外墙涂料的耐候性等指标要求也相应更高。

对建筑物的外墙面进行装饰与保护，使建筑物外貌整洁美观，从而美化城市环境，是外墙涂料的主要功能。同时，外墙涂料还应起到保护建筑物外墙，延长其使用寿命的作用。因此，外墙涂料一般应具有装饰性好、耐水性好、耐污性能好、耐候性好、施工及维修方便、价格合理等特点。目前，常用的外墙涂料有苯丙乳液涂料、纯丙乳液涂料、溶剂型聚丙烯酸酯涂料、聚氨酯涂料等。近年来得到发展的外墙涂料还有砂壁状真石涂料、有机硅改性聚丙烯酸酯乳液型和溶剂型外墙涂料、氟碳树脂涂料、弹性乳液涂料等，它们显示出了较好的装饰性能和耐老化性能。

a. 溶剂型外墙涂料。溶剂型外墙涂料是以合成树脂溶液为主要成膜物质，有机溶剂为稀释剂，加入适量的颜料、填料及助剂，经混合溶解、研磨后配制而成的一种挥发性涂料。涂刷在墙面上后，随着溶剂的挥发，成膜物质与其他不挥发组分共同形成均匀连续的涂层。溶剂型外墙涂料流平性好，涂膜装饰效果好，物理力学性能优异（如涂膜致密），对水、气等物质的阻隔性好，光泽度高。但由于施工时有大量的易燃的有机溶剂挥发出来，易污染环境。同时，漆膜的透气性差，又具有疏水性，如在潮湿基层上施工容易产生气泡起皮、脱落。

这类涂料主要应用于建筑物外墙面的涂装，也用于建筑物的门、窗及其他建筑结构构件的涂装。另外，这一类涂料的主要种类有丙烯酸酯类、聚氨酯类、氯化橡胶类、有机氟树脂类、有机硅类以及一些复合型的涂料。

丙烯酸酯外墙涂料是以热塑性丙烯酸酯合成树脂为主要成膜物质，加入溶剂、颜料、填料、助剂等，经研磨而成的一种溶剂挥发型涂料。它是建筑物外墙装饰用的优良品种、装饰效果良好，使用寿命可达 10 年以上，是目前国内外建筑涂料工业主要外墙涂料品种之一，且常作为外墙复合涂层的罩面涂料。此外，丙烯酸酯外墙涂料具有三个鲜明的特点：一是无刺激性气味，耐候性好，不易变色、粉化或脱落；二是耐碱性好，且对墙面有较好的渗透作用，涂膜坚韧，附着力强；三是施工方便，可刷、滚、喷，也可根据工程需要配制成各种颜色，即使在零摄氏度以下的严寒季节施工，也可很好地干燥成膜。

聚氨酯系列外墙涂料是以聚氨酯树脂或聚氨酯与其他树脂复合物为主要成膜物质，并添加颜料、填料、助剂等组成的优质外墙涂料，主要品种有聚氨酯-丙烯酸酯外墙涂料和聚氨酯高弹性外墙防水涂料。聚氨酯外墙涂料包括主涂层涂料和面涂层涂料，主涂层材料是双组分聚氨酯厚质涂料，通常可采用喷涂施工，形成的涂层具有优良的弹性和防水性；面涂层材料为双组分的非黄变性丙烯酸改性聚氨酯树脂涂料。聚氨酯外墙涂料的特性主要有四个：一是有近似橡胶的弹性，对基层的裂缝有很好的适应性；二是耐候性好，经过 1000h 加速耐候试验，其伸长率、硬度、抗拉强度等力学性能几乎没有变化；三是极好的耐水、耐碱、耐酸等性能；四是表面光洁度好，呈瓷状质感，耐污性好，使用寿命可达 15 年以上。聚氨酯系列外墙涂料属于高档涂料，适用于混凝土或水泥砂浆外墙的装饰，主要用于高级住宅、商业楼群、宾馆等的外墙装饰。聚氨酯系列外墙涂料一般为双组分或多组分涂料，施工时须按规定比例进行现场调配，因而施工比较麻烦，同时需注意防火、防爆。

b. 乳液型外墙涂料。乳液型外墙涂料指的是以高分子合成树脂乳液为主要成膜物质的外墙涂料。根据乳液制造方法的不同，乳液型外墙涂料可以分为两类：一类由单体通过乳液聚合工艺直接合成的乳液；另一类由高分子合成树脂通过乳化方法制成的乳液。按照涂料的质感可分为薄质乳液涂料（乳胶漆）、厚质涂料、彩色砂壁状涂料等。

乳液型外墙涂料的优点是：以水为分散介质，涂料中无有机溶剂，因而不会对环境造成污染，不易燃，毒性小；施工方便，可刷涂、滚涂、喷涂；涂料透气性好，可以在稍湿的基层上施工；耐候性好，尤其是高质量的丙烯酸酯外墙乳液涂料，其耐候性、耐水性、耐久性等性能可以与溶剂型丙烯酸酯类外墙涂料媲美。但乳液型外墙涂料存在的较大问题是在太低的温度下不能形成优质的涂膜，通常必须在 10℃以上施工才能保证质量，因而冬季一般不宜施工。目前，薄质外墙涂料有乙丙乳液涂料、苯丙乳液涂料、聚丙烯酸酯乳液涂料等；厚质涂料有乙丙厚质涂料、氯乙烯-偏氯乙烯共聚厚质涂料、砂壁状涂料等。

② 建筑内墙涂料。内墙涂料的主要功能是装饰及保护室内墙面，使其美观整洁，让人们处于舒适的居住环境中。为了获得良好的装饰效果，内墙涂料应具有丰富、细腻、柔和的色彩，良好的耐碱性、耐水性、耐粉化性和一定的透气性，同时施工要容易，价格应低廉。

a. 溶剂型内墙涂料。溶剂型内墙涂料由于其透气性较差，容易结露，施工时有大量溶剂逸出，因而室内施工更应重视通风与防火。溶剂型内墙涂料涂层光洁度好，易于冲洗，耐久性亦好，目前主要用于大型厅堂、室内走廊、门厅等工程，一般民用住宅内墙装饰很少应用。可用作内墙装饰的溶剂型建筑涂料主要品种有丙烯酸酯墙面涂料、丙烯酸酯有机硅墙面涂料、聚氨酯丙烯酸酯墙面涂料、聚氨酯仿瓷墙面涂料。

b. 乳液型内墙涂料。常用的乳液型内墙涂料一般为平光涂料。早期主要产品为聚乙烯醇涂料、聚乙酸乙烯酯乳液涂料，近年来则以丙烯酸酯乳液涂料为主。常用的品种有苯丙乳胶、乙丙乳胶、聚乙酸乙烯酯乳胶内墙涂料、氯乙烯-偏氯乙烯共聚乳胶内墙涂料等。

聚乙烯醇类水溶性内墙涂料是以聚乙烯醇树脂及其衍生物为主要成膜物质，混合一定量的颜料、填料、助剂及水，经研磨混合均匀后而成的一种水溶性内墙涂料。用聚乙烯醇制成的涂料涂膜不耐水洗，只能制成普通内墙用涂料。这类涂料曾经是我国内墙涂料应用的主要品种，但是随着建筑涂料技术的进步，新品种涂料的出现，聚乙烯醇类涂料已经逐渐淡出应用领域，建设部于 2001 年已将其列为淘汰产品，禁止使用。

苯丙乳液涂料是以苯乙烯、丙烯酸酯、甲基丙烯酸等三元共聚乳液为主要成膜物质，掺入适量的填料、少量的颜料和助剂，经研磨、分散后制成的内墙涂料。其耐碱性、耐水性、耐久性及耐擦性都优于其他内墙涂料。

乙丙乳液涂料是以乙丙共聚乳液为主要成膜物质，掺入适当的颜料、填料及助剂，经过研磨或分散后配制成半光或有光内墙涂料。用于建筑物内墙面装饰，其耐碱性、耐水性、耐久性优于聚乙酸乙烯酯乳液涂料，是一种中高档内墙装饰涂料。由于在共聚乳液中引入了丙烯酸丁酯、甲基丙烯酸甲酯、丙烯酸、甲基丙烯酸等单体，从而提高了乳液的光稳定性，使配成的涂料耐候性优于乙酸乙烯均聚乳液涂料。同时，引进的丙烯酸丁酯能起到内增塑作用，提高了涂膜的柔韧性。

③ 其他建筑涂料

a. 地面涂料。地面涂料的主要功能是装饰与保护室内地面，使地面清洁、美观、牢固。为了获得良好的装饰效果，地面涂料应具有耐碱性好、黏结力强、耐水性好、耐磨性好、抗冲击力强、涂刷施工方便和价格合理等特点。地面涂料的主要品种有环氧树脂自流平地面涂料、聚氨酯地面涂料、氯化橡胶地面涂料等。

b. 特种建筑涂料。建筑涂料除对建筑物进行装饰外，还具有某些特殊功能，如防水功能、防火功能、防雷功能、防腐蚀功能、杀虫功能、隔热功能、吸声功能等，因而又称为功能性建筑涂料。其中，防水涂料是指形成的涂膜能防止雨水或地下水渗漏进建筑物的一类涂料。主要包括屋面防水涂料及地下建筑防潮、防水涂料。主要品种有水乳型再生胶沥青防水涂料、阳离子型氯丁胶乳沥青防水涂料、聚氨酯防水涂料、溶剂型煤焦油沥青防水涂料、聚丙烯酸酯乳液防水涂料、有机硅改性系列防水涂料等。防火涂料既具有一般涂料的装饰性能，又具有出色的防火性能。防火涂料在常温下对被涂物体具有一定的装饰和保护作用。而在发生火灾时具有不燃性和难燃性，不会被点燃或能够自熄，并具有阻止燃烧发生和扩展的能力，可以在一定时间内阻燃或延滞燃烧时间。按其组成材料不同和遇火后的性状不同，分为非膨胀型防火涂料和膨胀型防火涂料两大类。膨胀型防火涂料的主要品种有膨胀型聚丙烯酸酯乳液防火涂料等。防霉涂料即能够有效抑制霉菌生长的功能涂料，通常是通过在涂料中添加某种抑菌剂来实现防霉作用的。建筑用防霉涂料的主要特点是在不影响涂料装饰性能的同时具有优良的防霉性能。按成膜物质及分散介质不同，可以分成溶剂型与水乳型两大类，亦可以按用途分成外用、内用及特种用途的防霉涂料。防腐蚀涂料是能够保护建筑物免受酸、碱、盐及各种有机物质侵蚀的涂料。目前，用于建筑物防腐蚀的涂料主要有环氧树脂防腐蚀涂料、聚氨酯防腐蚀涂料、乙烯基树脂类防腐蚀涂料、橡胶树脂防腐蚀涂料等。

5.1.3 建筑防水材料

建筑工程中的防水材料，可分为刚性防水材料和柔性防水材料两大类。其中，刚性防水材料，是以水泥混凝土自防水为主，外掺各种防水剂、膨胀剂等共同组成的水泥混凝土或砂浆自防水结构。而柔性防水材料，是通过铺设各种防水卷材、涂布各种防水涂料等达到防水目的，是产量和用量最大的一类防水材料，而且其防水性能可靠，可适应各种不同用途和各种外形的防水工程。

（1）建筑防水材料的界定

建筑防水材料是指应用于建筑物和构筑物中起着防潮、防漏、保护建筑物和构筑物及其构件不受水侵蚀破坏作用的一类建筑材料。防水材料的防潮作用是指防止地下水或地基中的盐分等腐蚀物质渗透到建筑构件的内部；防漏作用是指防止雨水、雪水从屋顶、墙面或混凝土构件的接缝处渗漏到建筑构件内部以及蓄水结构内的水向外渗漏和建筑物、构筑物内部相互止水。防水材料是各类建筑物和构筑物不可缺少的一类功能性材料，是建筑材料的一个重要的组成部分。

（2）建筑防水材料的类型

目前，建筑防水材料主要有以下几类。

① 高分子防水卷材。合成高分子防水卷材是以合成橡胶、合成树脂或两者的共混物为基料，加入适量的化学助剂和填充料等，经不同工序（混炼、压延或挤出）加工而成的可卷曲的片状防水材料。

合成高分子防水卷材具有拉伸强度和抗撕裂强度高、断裂伸长率大、耐热性和低温柔性好、耐腐蚀、耐老化等一系列优异的性能，是新型高档防水卷材。目前品种有橡胶系列防水卷材、塑料系列防水卷材和橡胶塑料共混系列防水卷材三大类。其中又可分为加筋增强型与非加筋增强型两种。常用的有三元乙丙橡胶防水卷材、聚氯乙烯防水卷材、氯化聚乙烯防水卷材、氯化聚乙烯-橡胶共混防水卷材等。

② 高分子改性沥青防水卷材。在沥青中添加进一定量的高分子改性剂，使沥青自身固有的低温易脆裂、高温易流淌的劣性得到改善。改性后的沥青不但具有良好的高低温特性，而且还具有良好的弹塑性、憎水性和黏结性等。

高分子改性沥青防水卷材是采用改性后的沥青作卷材的涂盖材料。用聚酯毡、玻纤毡、黄麻布、聚乙烯膜等薄毡作胎体增强材料，用片岩、彩色砂、矿物砂、细砂、合成膜或金属箔等作覆面（隔离）材料。其中，以聚酯毡为胎体的卷材性能最优，具有高拉伸强度、高延伸率、低疲劳强度等特点。高分子改性沥青防水卷材一般可分为弹性体、塑性体和橡塑共混体三类。

③ 防水涂料。防水涂料是在常温下呈无固定形状的黏稠状液态高分子合成材料，经涂布后，通过溶剂的挥发（或水分的蒸发，或反应固化）后在基层表面形成坚韧的防水膜的材料的总称。防水涂料是以高分子合成材料、沥青等为主体，涂布的防水涂料同时又起黏结剂作用。防水涂料按液态类型可分为溶剂型、水乳型和反应型三种；按成膜物质的主要成分分为沥青类、高分子改性沥青类和合成高分子类。

防水涂料特别适宜在立面、阴阳角、穿结构层管道、凸起物、狭窄场所等细部构造处进行防水施工。固化后，能在这些复杂部位表面形成完整的防水膜。施工属冷作业，操作简便，劳动强度低。固化后形成的涂膜防水层自重轻，适于轻型、薄壳等异型屋面；涂膜防水层具有良好的耐水、耐候、耐酸碱特性和优异的延伸性能，能适应基层局部变形的需要；其拉伸强度可以通过加贴胎体增强材料来得到加强。但防水涂膜一般依靠人工涂布，其厚度很难做到均匀一致。所以，施工时要严格按照操作方法进行重复多遍涂刷，以保证单位面积内的最低使用量，确保涂膜防水层的施工质量。

5.1.4 建筑密封材料

密封材料是指嵌入建筑物缝隙中，为提高建筑物整体的防水、抗渗性能，对工程中出现的施工缝、构件连接缝、变形缝等进行嵌填，以及对门窗框和玻璃周边、管道接头等处进行防水密封的材料。建筑密封材料具有弹性、黏结性、耐久性、水密性、气密性、贮存及耐化学稳定性，以保证能经得起极度变形及较大温差而不破裂或不同基层脱开，且使用简便可靠。

密封材料分为不定型密封材料和定型密封材料两大类。

（1）不定型密封材料

不定型密封材料是在常温下呈膏体状态的密封材料。常见的不定型密封材料有以下几种。

① 聚氨酯密封膏。聚氨酯密封膏是以异氰酸酯为基料，和含有活性氢化合物的固化剂所组成的一种常温下即能固化的反应型弹性体密封材料。聚氨酯密封膏根据组分不同，一般可分为双组分和单组分两种。根据固化前所呈现的状态不同可分为非下垂型和自流平型两种，用户可根据使用部位的不同进行选用。

② 丙烯酸酯建筑密封膏。丙烯酸酯建筑密封膏是以丙烯酸乳液为胶黏剂，掺入少量表面活性剂、增塑剂、改性剂、颜料及填料等配制而成的单组分水乳型建筑密封膏。这种密封膏具有优良的耐紫外线性能和耐油性、黏结性、延伸性、耐低温性、耐热性和耐老化性能，并且以水为稀释剂，黏度较小、无污染、无毒、不燃、安全可靠、价

格适中，可配成各种颜色，操作方便、干燥速度快、保存期长。但它固化后有15%～20%的收缩率，应予事先考虑。该密封膏应用范围广泛，可用于钢、铝、混凝土、玻璃和陶瓷等材料的嵌缝防水以及用作钢窗、铝合金窗的玻璃腻子等。还可用于各种预制墙板、屋面板、门窗、卫生间等的接缝密封防水及裂缝修补。

③ 聚氯乙烯建筑防水接缝材料。聚氯乙烯建筑防水接缝材料是以煤焦油为原料，按一定比例加入聚氯乙烯树脂、增塑剂、稳定剂及填充料，在140℃温度下塑化而成的。也可用废旧聚氯乙烯塑料代替聚氯乙烯树脂粉制备。

聚氯乙烯建筑防水接缝材料具有良好的黏结性、防水性、弹塑性、耐热性、低温柔性及抗老化性，对钢筋无锈蚀，延伸率较大，成本较低，属中低档防水密封材料。聚氯乙烯建筑防水接缝材料可以热用，也可以冷用。热用时，将其先加热（加热温度不超过140℃），达到塑化状态后，立即浇灌于缝隙或接头部位。冷用时，需加入适量溶剂稀释。适用于各种屋面嵌缝或表面涂布并作为防水层，也可用于水渠、管道等。

④ 聚硫建筑密封胶膏。聚硫建筑密封胶膏是以液态聚硫橡胶（多硫聚合物）为主剂，以金属过氧化物（多数以二氧化铅）为固化剂的双组分弹性密封材料。聚硫建筑密封膏水密封、气密封性能优良，耐油、耐腐蚀和耐老化性能好。适用于中空玻璃、油库、机场、污水处理池、垃圾填埋场和门窗等构造接缝的黏结密封处理。一般活动量大的接缝都用这种密封剂。

（2）定型密封材料

将具有水密性、气密性能的密封材料按基层接缝的规格制成一定的形状（条状、环状等），以便于对构件接缝、穿墙管接缝、门窗框密封、伸缩缝、沉降缝、施工缝等结构缝隙进行防水密封处理的材料称为定型密封材料。

① 聚氯乙烯胶泥防水带。以聚氯乙烯防水接缝材料为原料，经混合后加热至130～140℃，塑化，浇注，冷却定型便成聚氯乙烯胶泥防水带（简称胶泥条）。弹性体胶泥条具有良好的弹塑性、耐高低温性、防水性及耐久性。经喷灯加热烘烤，嵌填于缝槽中，能与混凝土、

砂浆、木材、金属及石材等建筑材料进行良好的黏结。胶泥条具有良好的拉伸-压缩和膨胀-收缩循环性能。当基层因温度变化和接缝位移等因素引起变化时，胶泥条能随之变形。可用于大型墙板、屋面接缝等建筑节点的垂直与水平接缝的防水工程。

② 塑料止水带。塑料止水带是由聚氯乙烯树脂、增塑剂、稳定剂、防老剂等原料，经塑炼、造粒、挤出、加工成型等工艺加工而成的带状防水隔离材料。塑料止水带的耐久性好、强度高，物理、力学性能指标能满足使用要求，原料充足，成本低廉、可节约相同用途的橡胶止水带。可用于民用建筑地下防水工程、隧道、涵洞坝体、溢洪道、沟渠等水下构筑物的变形缝隔离防水。

③ 橡胶止水带。橡胶止水带是以天然橡胶与各种合成橡胶为主要原料，掺入各种助剂及填料，经塑炼、混炼、模压成型的密封材料。橡胶止水带具有良好的弹性，耐磨、耐老化和抗撕裂性能好，适应结构变形能力强，防水性能好。橡胶止水带一般用于地下工程、小型水坝、贮水池、地下通道、河底隧道、游泳池等工程的变形缝部位的隔离防水，以及水库及输水洞等处闸门密封止水。

5.1.5 建筑塑料

用于建筑工程的各种塑料及制品，便是建筑塑料。建筑塑料具有很多特点，在保护环境、改善居住条件、节约能源等方面独具优势，符合现代材料的发展趋势，是一种理想的可用于替代木材、部分钢材和混凝土等传统建筑材料的新型材料。建筑塑料主要包括塑料管、塑料门窗、装饰装修材料等，在建筑工程、市政工程、村镇建设以及工业建设中用途十分广泛。

（1）建筑塑料的优点

塑料在建筑中大部分是用于非结构材料，仅有一小部分用于制造承受轻荷载的结构构件，如塑料波形瓦、候车棚、商亭、储水塔罐、充气结构等。塑料建材不仅能大量代钢代木，替代传统建材，而且还具有节能节材、保护生态、改善居住环境、提高建筑功能与质量、施工便捷等优越性。塑料建材的节能效益十分突出，其节能效益表现在节约生产能耗和使用能耗两个方面。以生产能耗计算，建筑塑料制品仅为钢材、铝材生产能耗的1/4和1/8，硬质PVC塑料生产能耗仅为铸铁管和钢管的30%～50%，塑料水管相比金属管能降低输水能耗50%左右。此外，建筑塑料还具有质量轻、比强度高的特点，塑料制品的密度约为钢材的1/5、铝的1/2、混凝土的1/3，与木材相近，按单位质量计算的强度已接近甚至超过钢材，是一种优良的轻质高强材料，这既可降低施工的劳动强度，又减轻了建筑物的自重。建筑塑料还具有良好的隔绝性，塑料制品的传导能力较金属或岩石小，即热传导、电传导和波传导的能力较小，其导热能力为金属的1/600～1/500，电绝缘、减震及吸声性也很好，其中泡沫塑料的导热性更小，是理想的保温隔热和吸声材料。同时，建筑塑料的易加工性、可用性和装饰性也是它成为建筑主要材料之一的重要原因。塑料制品色彩绚丽丰富，表面平滑而富有光泽，制品图案清晰，线条直则平方规整，曲则柔和优美。塑料制品可锯、钉、钻、刨、焊、粘，装饰安装施工快捷方便，热塑性塑料还可以弯曲重塑，装饰施工质量易保证。塑料制品还耐酸、碱、盐和水的侵蚀作用，化学稳定性好，因而美观耐用。非发泡型制品清洗便利。

总之，塑料具有很多优点，而且有些性能是一般传统建筑材料所无法比拟的。但塑料易老化、耐热性差、弹性模量低，热变形温度一般在60～120℃，热膨胀系数较大，为金属材料的3倍左右，使用时应加以注意。当塑料使用环境温度降低时，其脆性增大，受机械冲击力作用时，易碎裂破坏。部分塑料易着火或缓慢燃烧，且产生有毒气体。在选用时应扬长避短，特别要注意安全防火等。

（2）常用于建筑的塑料制品

① 塑料门窗。塑料门窗是以高分子合成材料为主，以增强材料为辅，制成的一类新型材质的门窗。目前，世界上已开发出3种材质的塑料门窗：聚氯乙烯（PVC）塑料门窗、不饱和聚酯玻璃纤维增强塑料门窗和聚氨酯硬质泡沫塑料门窗。其中，PVC塑料门窗所占比例最大，占90%以上。PVC塑料门窗是以PVC树脂为主要原料，经过多种助剂配方和改性，通过专用设备挤出而成的中空塑料型材；并将钢质增强型材装入塑料型材的空腔中，再用热熔焊接机焊接、组装而

成，因而也叫“塑钢门窗”。

塑料门窗的主要特性，有以下几个。

一是保温、隔热性好。由于塑料的热导率低，再加上窗框是中空异型材拼接而成，所以其隔热性远比钢、铝、木门窗好得多，主要用作节能型门窗。

二是隔声性好。按照隔声标准试验，隔声量可达 30dB，而普通钢材只有 25dB，能有效地防止室外噪声干扰。

三是装饰效果好。由于塑料门窗尺寸工整、缝线规则、色彩艳丽丰富，同时经久不褪，而且耐污染，因而具有较好的装饰效果。

四是耐水性、耐腐蚀性和耐老化性较好。塑料门窗具有耐水、耐腐蚀的特性，可用于多雨、湿热和有腐蚀性气体的工业建筑。PVC 塑料门窗的抗老化性较高，使用寿命可达 30 年。

五是防火性较好。PVC 由于分子链上含有大量的卤族元素氯，因而本身难燃，并具有自熄性，因而具有较好的防火性。

六是不用维修。因为塑料门窗不会褪色，不用油漆，同时玻璃安装不用油灰腻子，不必考虑腻子干裂问题，故不用维修。

总之，塑料门窗不仅装饰性好，而且使用性能极佳，发展前景广阔。但安装工艺要求高，长期高热环境不宜采用，异型结构组装困难。塑料门窗刚度小，一般需在门窗框内部嵌入金属型材以增强塑料门窗的刚性。

② 塑料地板。塑料地板是以合成树脂为原料，掺入各种填料和助剂混合后加工而成的地面装饰材料。塑料地板具有质轻、耐磨的特点，塑料地板的质量比大理石、陶瓷地砖、花岗岩等地面轻得多，耐磨性好，使用得当寿命可达十多年。塑料地板还具有防滑、耐腐、可自熄等特性，发泡塑料地板还具有弹性良好、脚感舒适、易于清洁、更换方便等特点。塑料地板的花色品种多，只要改变印花机和设备，即可生产出不同花纹图案和幅宽规格的地板，其表面可做出仿木材、天然石材、地面砖等花纹图案。塑料地板造价低，施工时可直接铺贴，较为简单，施工效率高，维修极为方便。塑料地板可广泛用于室内地面的装饰，是高层建筑、飞机、火车、轮船等地面的理想装修材料。

塑料地板按使用树脂分类有聚氯乙烯树脂塑料地板、聚氯乙烯-

乙酸乙烯酯塑料地板、聚丙烯树脂塑料地板和氯化聚乙烯树脂塑料地板。按其外形分类有块状塑料地板和卷材地板。块状地板多为半硬质聚氯乙烯塑料地板。卷材地板有三种：带基材的 PVC 卷材地板、带弹性基材的 PVC 卷材地板、无基材的 PVC 卷材地板。此外还有现浇无缝地面，也叫塑料涂布地面，常以聚酯树脂、聚酰胺树脂、环氧树脂、丙烯酸树脂为主要原料，适用于卫生条件要求较高的实验室、洁净车间、医院等处的地面。

塑料弹性地板有半硬质聚氯乙烯地面砖和弹性聚氯乙烯卷材地板两大类。地面砖的基本尺寸为边长 300mm 的正方形，厚度 1.5mm。其主要原料为聚氯乙烯或氯乙烯和乙酸乙烯的共聚物，填料为重质碳酸钙粉及短纤维石棉粉。产品表面可以有耐磨涂层、色彩图案或凹凸花纹。

弹性聚氯乙烯卷材地板的优点是：地面接缝少，容易保持清洁；弹性好，步感舒适；具有良好的绝热吸声性能，同时传热系数可以减少 15%，吸收的撞击噪声可达 36dB。公用建筑中常用的为不发泡的层合塑料地板，表面为透明耐磨层，下层印有花纹图案，底层可使用石棉纸或玻璃布。

③ 塑料壁纸。塑料壁纸是涂层制品，是用压延或涂覆方法把聚氯乙烯糊料涂在纸基（或玻璃纤维布、无纺布）上制成。其中纸基壁纸产量最大、应用最广。由于塑料壁纸表面可以进行印花、压花及发泡处理，能仿天然石材、木纹及锦缎，达到以假乱真的地步，并通过精心设计，印制适合各种环境的花纹图案，色彩也可任意调配，做到自然流畅，清淡高雅，有很好的装饰效果。根据需要可加工成具有难燃、隔热、吸声、防霉性，且不易结露，不怕水洗，不易受机械损伤的产品。塑料壁纸粘贴方便，可进行工业化连续生产，使用寿命长，易维修保养，表面可清洗，对酸碱有较强的抵抗能力。塑料壁纸可分为普通壁纸、发泡壁纸和特种壁纸（也称为功能壁纸）。其中，普通塑料壁纸是以 $80g/cm^2$ 的原纸作为基材，涂塑 $100g/cm^2$ 左右 PVC 糊状树脂，经压花、印花而成。这种壁纸花色品种多，适用面广，价格低，属普及型壁纸。发泡壁纸是以 $100g/cm^2$ 的原纸作为基材，涂塑 $300\sim400g/cm^2$ 掺有发泡剂的 PVC 糊状树脂，印花后再加热发泡而成。

控制发泡剂掺量和加热温度可以制成高发泡壁纸和低发泡壁纸。特种塑料壁纸是具有某种特殊功能壁纸的总称，有耐水壁纸、防火壁纸、彩色砂粒壁纸等品种，耐水壁纸是以玻璃纤维毡作基材，以提高其防水功能，适用于卫生间、浴室等。

④ 塑料装饰板

a．聚氯乙烯塑料装饰板是以聚氯乙烯树脂为基料，加入稳定剂、增塑剂、填料、着色剂及润滑剂等，经捏和、混炼、拉片、切粒、挤压或压铸而成，根据配料中加与不加增塑剂，产品有软、硬两种。聚氯乙烯塑料装饰板具有表面光滑、色泽鲜艳、防水和耐腐蚀等优点。适用于各种建筑物的室内墙面、柱面、吊顶、家具台面的装饰和铺设，主要作为装饰和防腐蚀之用。

b．塑料贴面装饰板简称塑料贴面板，是以酚醛树脂的纸质压层为基础，表面用三聚氰胺树脂浸渍过的花纹纸为面层，经热压制成的一种装饰贴面材料，有镜面型和柔光型两种，均可覆盖于各种基材上。塑料贴面板的图案、色调丰富多彩，耐磨、耐湿、耐烫、不易燃、平滑光亮、易清洗，装饰效果好，并可代替装饰木材，适用于室内、车船、飞机及家具等的表面装饰。

c．覆塑装饰板是以塑料贴面板或塑料薄膜为面层，以胶合板、纤维板、刨花板等板材为基层，采用胶合剂热压而成的一种装饰板材。覆塑装饰板既有基层板的厚度、刚度，又具有塑料贴面板和薄膜的光洁，质感强、美观，装饰效果好，并具有耐磨、耐烫、不变形、不开裂、易于清洗等优点，可用于汽车、火车、船舶、高级建筑的装修及家具、仪表、电气设备的外壳装饰。

d．卡普隆板又称阳光板、PC 板，它的主要原料是高分子工程塑料——聚碳酸酯（PC）。主要产品有中空板、实心板、波纹板三大系列。PC 板质量轻、透光性强、耐冲击，单层 PC 板材的耐冲击强度是玻璃的 200 倍，隔热、保温性好，还具有防红外线、紫外线，不需加热即可弯曲，色彩多样，安装简便等特性。卡普隆板是理想的建筑和装饰材料，它适用于车站、机场等候厅，泳池、体育场馆及通道的透明顶棚，园林、游艺场所奇异装饰及休息场所的廊亭，工业采光顶，温室、车库等各种高格调透光场合。

e. 防火板是用三层三聚氰胺树脂浸渍纸和十层酚醛树脂浸渍纸，经高温热压而成的热固性层积塑料。它是一种用于贴面的硬质薄板，具有耐磨、耐热、耐寒、耐溶剂、耐污染和耐腐蚀等优点。可粘贴于木材面、木墙裙、木格栅、木造型体等木质基层的表面；餐桌、茶几、酒吧柜和各种家具的表面；柱面、吊顶局部等部位的表面。防火板一般用作装饰面板，粘贴在胶合板、刨花板、纤维板、细木工板等基层上，该板布面效果较为高雅，色彩均匀，效果较好，属中高档饰面材料。

f. 有机玻璃板是一种具有极好透光度的热塑性塑料，是以甲基丙烯酸甲酯为主要基料，加入引发剂、增塑剂等聚合而成。有机玻璃的透光性极好，可透过光线的99%，并能透过紫外线的73.5%；机械强度较高；耐热性、抗寒性及耐候性都较好；耐腐蚀性及绝缘性良好；在一定条件下，尺寸稳定、容易加工。有机玻璃的缺点是质地较脆，易溶于有机溶剂，表面硬度不大等。有机玻璃在建筑上主要用作室内高级装饰材料及特殊的吸顶灯具或室内隔断及透明防护材料等。有机玻璃有无色、有色透明有机玻璃和各色珠光有机玻璃等多种。

g. 铝塑复合板（铝塑板）是在铝箔和塑料（或其他薄板作芯材）中间夹以塑料薄膜，经热压工艺制成的复合板。用铝塑板作为装饰材料已成为一种新的装饰潮流，其使用也越来越广泛，如建筑物的外墙装饰、计算机房、无尘操作间、店面、包柱、家具、顶棚和广告牌等。铝塑板具有质轻、强度高、防水、防热、隔声、适温性好（在−50～80℃的温度范围内可正常使用）、耐腐蚀、耐粉化、不易变形、加工性良好及光洁度优异等特点。并且易清洁，自重小，价格适中。但是，铝塑板夹层的聚合物属易燃物，所以防火性能差。

（3）塑料管材

塑料管材与金属、水泥等传统材料管材相比。具有质量轻、耐腐蚀、热导率低、绝缘性能好、内壁不结垢、流动阻力小、不生锈、不生苔、易着色、易加工、不需涂装、施工安装和维修方便等优点。与金属管相比，在生产和使用过程中的能耗都低。塑料管材的优越性能不断为人们所认可，并越来越多地用以取代原有的镀锌钢管。目前的发展速度很快，广泛应用于住宅建筑、市政工程、农业和工矿等各个领域。主要有排水管、雨水管、给水管、穿线管、燃气管和微滴灌管等多种管道。塑料管材的缺点是线膨胀系数比铸铁大 5 倍左右，所以在较长的塑料管路上需要设置柔性接头。

5.1.6 建筑混凝土

聚合物混凝土是一种有机和无机相结合的材料，它是用有机高分子材料来代替或改善水泥胶凝材料所得到的高强、高质混凝土。这种新型的复合材料，体现了有机聚合物和无机胶凝材料相结合的优点，从而克服了普通水泥混凝土所存在的拉伸强度低、脆性大、容易开裂、耐化学腐蚀性能较差的缺点，为扩大水泥混凝土的使用范围，开辟了广阔的前景。它是当前国内外大力研究和发展的新型混凝土种类之一，也是大力发展的一种新型的复合材料。

聚合物混凝土按其复合的方式和特性，一般可分为三类：聚合物浸渍混凝土（PIC）、聚合物胶结混凝土（PC，又称树脂混凝土）和聚合物水泥混凝土（PCC）。聚合物混凝土与普通水泥混凝土相比，具有高强、耐蚀、耐磨、黏结力强等优点。

（1）聚合物浸渍混凝土（PIC）

聚合物浸渍混凝土（PIC）是以已硬化的水泥混凝土为基材，将聚合物填充其孔隙而成的一种混凝土-聚合物复合材料，其中聚合物含量为复合体质量的 5%～15%。其工艺为先将基材作不同程度的干燥，然后在不同压力下浸泡在以苯乙烯或甲基丙烯酸甲酯等有机单体为主的浸渍液中，使之渗入基材孔隙，最后用加热、辐射或化学等方法，使浸渍液在其中聚合固化，与混凝土形成一个密实的整体。在浸渍过程中，浸渍液深入基材内部并遍及全体者，称完全浸渍工艺。一般应用于工厂预制构件，各道工序在专门设备中进行。浸渍液仅渗入基材表面层者，称表面浸渍工艺，一般应用于路面、桥面等现场施工。

由于聚合物填充了水泥混凝土中的孔隙和微裂缝，可提高它的密实度，增强水泥石与集料间的黏结力，并缓和裂缝尖端的应力集中，改变普通水泥混凝土的原有性能，使之具有高强度、抗渗、抗冻、抗冲、耐磨、耐化学腐蚀、抗射线等显著优点。

聚合物浸渍混凝土适用于要求高强度、高耐久性的特殊构件，特别适用于输送液体的有筋管道、无筋管道、坑道。同时，也可作为高效能结构材料应用于特种工程。

（2）聚合物胶结混凝土（PC）

聚合物胶结混凝土（PC）以聚合物（或单体）全部代替水泥，作为胶结材料的聚合物混凝土。常用一种或几种有机物及其固化剂、天然或人工集料（石英粉、辉绿岩粉等）混合、成型、固化而成。常用的有机物有不饱和聚酯树脂、环氧树脂、呋喃树脂、酚醛树脂等，或甲基丙烯酸甲酯、苯乙烯等单体。聚合物在此种混凝土中的含量为质量的 8%～25%。与水泥混凝土相比，它具有快硬、高强和显著改善抗渗、耐蚀、耐磨、抗冻融以及黏结等性能，可现场应用于混凝土工程快速修补、地下管线工程快速修建、隧道衬里等，也可在工厂预制。

（3）聚合物水泥混凝土（PCC）

聚合物水泥混凝土（PCC）是以聚合物（或单体）和水泥共同作为胶凝材料，以砂、石为骨料的聚合物混凝土。其制作工艺与普通混凝土相似，在加水搅拌时掺入一定量的有机物及其辅助剂，经成型、养护后，其中的水泥与聚合物同时固化而成。

聚合物掺加量一般为水泥重量的 5%～20%。为了保证聚合物水泥混凝土的质量，对所加入的聚合物和辅助材料，要求它们对混凝土无侵蚀作用或不降低混凝土的强度，不会影响水泥的凝结硬化，聚合物在水泥的呈碱性介质中本身的性能不会受到影响等。常用的聚合物一般为合成橡胶乳液，如氯丁胶乳（CR）、丁苯胶乳（SBR）；或热塑性树脂乳液，如聚丙烯酸酯类乳液、聚乙酸乙烯酯乳液（PVAC）、苯乙烯、聚氯乙烯等。此外环氧树脂及不饱和聚酯类树脂也可应用。矿物胶凝材料可用普通水泥和高铝水泥。

5.1.7 建筑胶黏剂

胶黏剂是一种能使两种相同或不同的材料黏结在一起的材料，它具有良好的黏结性能。由于胶黏剂的应用不受被粘接物的形状、材质等限制，用胶黏剂粘接建筑构件和材料与铆接、焊接或螺栓连接相比具有工艺简单、省工省料、接头应力分布均匀、密封性好、耐腐蚀、强度高等优点。因此，胶黏剂在建筑上的应用越来越多，品种也日益增加。

目前，建筑胶黏剂已成为建筑工程上不可缺少的重要的配套材料。但要发挥建筑胶黏剂的整体优点必须要做到选取合适的胶黏剂品种、合理的施工工艺和高素质的专业施工队伍。

常用的建筑胶黏剂主要有酚醛树脂类胶黏剂、环氧树脂类胶黏剂、聚乙酸乙烯酯类胶黏剂、聚乙烯醇缩醛胶黏剂、聚氨酯类胶黏剂和橡胶类胶黏剂六大类。

建筑结构胶也是建筑胶黏剂的一种，它是用于受力部件上的胶黏剂。在屋盖系统的粘接、柱子接长、地基长桩接长、大梁接头粘接等工程加固补强中，一般应用建筑结构胶黏剂。该胶黏剂具有粘接强度高，耐久性、耐老化性、耐介质性、耐高低温性能好的特点。建筑结构胶黏剂还可在建筑改造时，对建筑物构件承载能力进行提高与补足；对已有缺陷结构体达不到设计要求时，进行粘接补强；抗震加固；对市政工程、工厂厂房和公路桥梁混凝土梁进行加固。加固补强采用钢板作为补强材料，用结构胶黏剂牢固粘接在表面处理过的被加固体上，所以又称“构件外部补强法”或“粘钢加固法”。

建筑结构胶黏剂的主体材料是高分子材料，主要有环氧尼龙、环氧-丁腈、芳胺固化环氧树脂、酚醛-丁腈、酚醛-环氧、聚酰亚胺、聚苯并咪唑等。高分子材料在一定外力的作用下有很好的塑性变形，有很好的抗疲劳性，尽管胶层的弹性模量与钢板和混凝土的模量有一些差异，但仍能共同承担一定周期性的疲劳载荷。结构胶黏剂能代替铆接、焊接和钉接，既不损害建筑物表面美观，又可避免应力集中，减轻胶层的破坏，水密封性、气密封性、填充性优良，并能使建筑物轻量化，因此具有很大的发展前途。

由于环氧树脂类胶黏剂具有卓越的耐久性能，同时对一般土木工程材料的表面有很好的粘接性，硬化过程收缩小，力学性能理想，较易改性满足使用要求，价格较低。因此，目前国内外建筑结构胶中，环氧树脂类占据了绝对地位。

5.1.8 建筑保温和吸声材料

建筑结构中起保温绝热作用，减少结构物与环境热交换的一种功能材料，称之为保温绝热材料，常用于建筑物的屋顶、内墙、热工设备及管道、冷藏设备、冷藏库等工程。在建筑中合理地采用保温绝热材料，能提高建筑物的使用效能，保证正常的生产、工作和生活。在采暖、空调、冷藏等建筑物中采用必要的保温绝热材料，能减少热损失，节约能源，降低成本。在建筑中，外围护结构的热损耗较大，外围护结构中墙体又占了很大份额。因此，建筑墙体改革与墙体节能技术的发展是建筑节能技术的一个最重要的环节，发展外墙保温技术及节能材料则是建筑节能的主要实现方式。其中应用于外墙保温的各种泡沫塑料保温材料，如 EPS（发泡聚苯乙烯，又称可发性聚苯乙烯）板、XPS（挤塑式聚苯乙烯）板材及发泡聚氨酯板材等因其综合性能优异而令人瞩目。

吸声材料是一种能吸收由空气传递的声波能量的建筑材料。这类材料的结构中充满了许多微小的孔隙和连通的气泡，当声波入射到吸声材料内互相贯通的孔隙时，声波将引起微孔及孔隙间的空气运动，使紧靠孔壁或纤维表面处的空气受到阻碍不易振动，促使声波削弱。同时还由于小孔隙中空气的黏滞性，部分声能转变为热能，孔壁纤维的热传导使其热能散失或被吸收掉，从而使声波逐渐衰弱、消失。所以，音乐厅、影剧院、播音室、大会堂等室内结构的内墙面、地面和顶棚常采用吸声材料，以改善声波在室内传播的质量，获得良好的音响效果。

隔热、吸声材料都具有轻质、疏松、多孔或纤维状的特点。保温隔热材料由于其轻质及结构上的多孔特征，故具有良好的吸声性能。因此对于一般的建筑物来说，吸声材料无须单独使用，其吸声功能是与具有隔热保温和装饰功能的新型材料相结合来实现的。泡沫塑料就是较为常用的材料之一，泡沫塑料以各种树脂为基料，加入一定剂量的发泡剂、催化剂、稳定剂等辅助材料，经加热发泡而制成的一种具有质轻、绝热、吸声、防震性能等优点的材料。

5.2 合成高分子材料在汽车行业的应用

现代社会中，人们对汽车的要求从运输、代步逐渐转向多功能。现代汽车要满足安全、舒适、自重轻、污染排放低、能耗小、价格低等要求，首先就要从材料方面考虑。虽然钢材仍为最主要的汽车材料，但合成高分子已越来越多地应用于汽车行业中。

5.2.1 汽车上的合成橡胶材料

汽车工业与橡胶工业密切相关，汽车一直是橡胶制品的重要市场。一台汽车上的橡胶零件少则100多个，多则400多个，分布在汽车车身、传动、转向、悬挂、制动和电器仪表等系统内，使用的橡胶材料品种多达十几种。常用的橡胶品种有天然橡胶、丁苯橡胶、氯丁橡胶、丁腈橡胶、三元乙丙橡胶、丙烯酸酯橡胶、氟橡胶、硅橡胶、聚氨酯橡胶和丁基橡胶等。

（1）汽车轮胎

轮胎是汽车上的重要部件之一。轮胎的主要材料有生胶、骨架材料即纤维材料以及炭黑等。生胶是轮胎最重要的原材料，轮胎用的生胶约占轮胎全部原材料重量的50%。生胶包括天然橡胶、合成橡胶、再生胶等。其中，天然橡胶在许多性能方面优于通用型合成橡胶，其主要特点是强度和弹性高，耐撕裂，以及有良好的工艺性、内聚性和黏着性。用它制成的轮胎耐刺扎，特别对使用条件苛刻的轮胎，其胎面上层胶大多完全采用天然橡胶。目前，载重轮胎以天然橡胶为主。而轿车轮胎则以合成橡胶为主。在轮胎中常用的合成橡胶有丁苯橡胶、顺丁橡胶、丁腈橡胶、氯丁橡胶、异戊橡胶、丁基橡胶、乙丙橡胶等。丁苯橡胶的优点是耐磨性和耐老化性比天然橡胶好；缺点是弹性稍差、生热较高。顺丁橡胶的优点是生热低、弹性好、耐磨耗；缺点是高速行驶时抗滑性能较差，使用到后期常常因老化而变硬。丁基橡胶是一种特种合成橡胶，具有优良的气密性和耐老化性，用它制造的内胎，气密性比天然橡胶内胎好，使用中不必经常充气，轮胎使用寿命也相应提高。它又是无内胎轮胎密封层的最好材料。

（2）汽车橡胶零部件

汽车上的橡胶零部件数量虽然不大，但对汽车的性能和质地却起着相当重要的作用，而且由于使用条件复杂，对各部位的橡胶零件的性能要求也不同。

① 密封制品橡胶。密封制品的密封作用有两个：一是封闭传动部件或静止部件的缝隙，防止液体或气体的泄漏；二是阻止外部尘埃、污物、水分进入密封部件内部。汽车上使用的橡胶密封制品主要包括油封件、密封条、密封圈、皮碗、防尘罩、衬垫等，主要用于前后轴、曲轴、离合器、变速器、减速器、差速器、制动系统和排气系统等部位。汽车用密封件对压力要求不高，但根据使用环境的不同，要求这类橡胶制品应有良好的密封性能，耐油及耐化学试剂、耐老化、耐热、耐寒、耐臭氧、耐磨及高强度和永久压缩变形小等特性。

② 车用胶管。车用胶管包括水、气、燃油、润滑油、液压油等的输送管，对于制造这些橡胶零部件的橡胶材料，对其耐油性要求很高，要确保橡胶与各种工作油接触后，性能不会发生恶化。通常这类零部件采用丁腈橡胶、氯丁橡胶等材料制造，而且多采用内层橡胶、增强材料（纤维、玻璃等）和表皮橡胶复合的形式。

③ 车用胶带。大多是无接头的环形带，主要是 V 带，要求噪声低、使用寿命长、耐磨损等，多用氯丁橡胶制作。

④ 橡胶减震块。为了提高舒适性，降低震动噪声，在汽车发动机、底盘等部件上，用来防止和降低汽车行驶中的震动和噪声的橡胶制品。按其材料的组合形式可分为纯胶制品、塑料-橡胶复合制品及金属橡胶复合制品。要求防震橡胶应具有稳定的弹性，耐候性、耐热性好、无弹性衰减，与金属零件的黏结性好等。使用的橡胶材料有天然橡胶、氯丁橡胶、丁腈橡胶、聚氨酯橡胶等。从目前使用的情况上看，由于聚氨酯材料能同时满足耐磨性、耐油性、抗压性和高弹性的要求，在减震制品应用中已崭露头角。

5.2.2 汽车上的塑料材料

近年来，汽车朝着轻量、高速、安全节能、舒适、多功能、低成本、长寿命的方向发展，而各种新型塑料正是符合这种发展方向的理想材料。由于塑料件比金属件轻得多，所以采用塑料已成为汽车制造厂家节油和降低车体重量的重要手段。

汽车用塑料可用于内饰、外装件和结构件及功能件。

（1）内饰

汽车内饰用塑料要求具备吸震性能好、手感好、耐用性好的特点，以满足安全、舒适、美观的目的。内饰用塑料品种主要有聚氨酯（PU）、聚氯乙烯（PVC）、聚丙烯（PP）、丙烯腈-丁二烯-苯乙烯共聚物（ABS）等。它们用于制作坐垫、仪表板、扶手、头枕、门内衬板、顶棚衬里、地毯、控制箱、转向盘等内饰塑料制品。

（2）外装件

外装件包括保险杠和车轮罩等。目前保险杠大多数还是以材料成本较低的改性 PP 为主。同时也有通过 RIM 和 R-RIM 成型工艺制成的保险杠，材料还涉及 TPE（热塑性弹性体）、PC/PBT（聚苯甲酸丁二醇酯）、PPO/PA、SMC 等。

塑料车轮罩分全罩型和半罩型，所采用的塑料材料有 ABS、PA、PC、PPO/ PA 等。

（3）结构件及功能件

作为汽车结构件和功能件，要求塑料具有足够的强度、抗蠕变特性、尺寸稳定性以及能满足特殊功能需求的性能。这些制件主要采用工程塑料来实现，如 ABS、聚酰胺、聚甲醛、聚碳酸酯、聚苯酯、热塑性聚酯、聚酰亚胺、氟塑料等。但工程塑料的成本高，对通用塑料进行改性来满足使用要求已成为行之有效的方法之一。这些通用塑料包括聚丙烯（PP）、聚乙烯（PE）、聚苯乙烯（PS）等。

5.2.3 汽车上的涂料

汽车用涂料，即汽车表面覆盖材料。它是覆盖在车身及零件的表面上，干燥后形成一层牢固坚韧的涂层（漆膜），不但可以减轻紫外线、风化、污染、腐蚀等对车身的损害，延长车身的使用寿命的作用，而且还可起到装饰车容、美化环境、标志车辆用途与特征等作用。

汽车涂料的主要成分可分为成膜物、颜料、溶剂和辅助材料四部分。其中成膜物是涂料的主要组成物质，是涂料的基础，因此也称为基料、漆基。目前汽车用涂料的成膜物主要是合成树脂。成膜物决定了涂料的类型，其作用是使涂料具有一定的硬度、耐久性、弹性、附着力等，使色素保持均匀分布状态，并能持久地附着于车身表面，形成一定的保护装饰作用，如耐水、耐酸碱、耐各种介质、抗石击、抗划伤、光泽好等。成膜物按涂料在成膜过程中组成结构是否发生变化分为两类：成膜过程中成膜物组成结构不发生变化的称为非转化型成膜物，有纤维素聚合物、氯化橡胶、乙烯树脂、丙烯酸酯类聚合物等；成膜过程中组成结构发生变化的成膜物称为转化型成膜物，常用的有油脂和油基树脂、醇酸树脂、氨基树脂、热固性丙烯酸树脂、环氧树脂、聚氨酯树脂等。成膜物通过添加塑化剂和催化剂等进行物理、化学改性后，可提高涂料的持久性、防腐性、防损性和柔韧性等。

汽车涂料按在涂装工艺中的涂层位置可分为汽车用底漆、汽车用中间层涂料和汽车用面漆。此外，汽车用特种涂料、耐腐蚀涂料和汽车塑料件用涂料，以及涂装前处理用材料、涂装后处理材料和其他辅助材料也都可以归属于汽车涂料中。

5.3 合成高分子材料在包装行业的应用

用于制造包装容器、包装运输、包装装潢、包装印刷、包装辅助材料以及与包装有关的材料的总称，便是包装材料。高分子包装材料在包装材料中占有重要地位，品种多，用量大。

5.3.1 塑料包装材料

塑料包装材料在塑料制品的各种应用中位居首位，在各种包装材料的应用量中仅次于纸品而居第二位，而且近年来其发展速度一直居于各种包装材料之首。其中，聚乙烯、聚丙烯、聚氯乙烯、聚酯、聚苯乙烯等已成为我国的重要包装材料。这些材料具有不同的物理、化学性能，如防潮性、气密性、耐油性、耐寒性、耐紫外线辐照性和耐老化性。为了适应不同内装物的要求，更好地选择包装材料，要对各种材料的性能有所了解。

塑料作为包装材料有以下优点：透明度好，内装物可以看清；具有一定的机械强度；防潮、防水性能好；耐药品、耐油脂性能好；耐热、耐寒性能良好；耐污染，包装物卫生；适宜各种气候。

（1）塑料包装薄膜材料

塑料包装薄膜包括单层薄膜、复合薄膜和薄片，这类材料做成的包装也称软包装，主要用于包装食品、药品等。单层薄膜的用量最大，约占薄膜的2/3，其余的则为复合薄膜及薄片。制造单膜最主要的塑料品种是低密度聚乙烯，其次是高密度聚乙烯、聚丙烯和聚氯乙烯等。

（2）塑料容器

塑料瓶、桶、罐及软管容器主要使用的材料是高、低密度聚乙烯和聚丙烯，也有用聚氯乙烯、聚酰胺、聚苯乙烯、聚酯、聚碳酸酯等树脂的。这类容器容量小至几毫升，大至几千升。这些制品耐化学性、气密性及抗冲击性好，自重轻，运输方便，破损率低。塑料杯、盒、盘、箱等容器用高密度聚乙烯、低密度聚乙烯、聚丙烯以及聚苯乙烯的发泡或不发泡片材，通过热成型方法制成，主要用于包装食品。

塑料瓶主要用于包装饮料、液体调料、化妆品、香水、药水、洗涤剂、文化用品等商品的包装。采用聚乙烯、聚丙烯、聚苯乙烯、聚酯等材料，用中空吹塑或注射成型。新发展的多层次复合共挤吹塑的复合塑料瓶，进一步改善了隔绝性能，同时由于便于将廉价的塑料夹入夹层，因而可以降低成本。

塑料桶主要采用高密度聚乙烯和聚丙烯塑料，通过挤出吹塑、注射吹塑等方法加工而成。

塑料箱容量较大，多为矩形截面，用于酒瓶、工业品的盛装和周转。采用聚丙烯、高密度聚乙烯等热塑性材料，用注射等方法加工而成。

（3）复合包装材料

复合材料是将两层或两层以上（有的高达数十层）的材料通过一定的工艺使它们成为统一的整体，从而克服各自的缺点，集中各自的优点，改进单一薄膜的不足，以适应各种商品包装功能要求的一种包装材料。

复合包装材料的复合工艺有多种。

① 干式复合。干式复合是把胶黏剂涂布到一种薄膜上，经烘箱蒸发掉溶剂并与另一层薄膜压紧贴合成复合薄膜的方式。干式复合所使用的胶黏剂大都为溶剂型，如聚氨酯、改性聚酯、环氧树脂、聚乙酸乙烯酯和天然橡胶等胶黏剂。选择胶黏剂要根据被包装物的性质，是否为食品等条件来决定。无溶剂复合是特殊的干式复合，即把100%固体型胶黏剂施加到一种基材上与另一基材在压力下贴合在一起的方式。

② 湿式复合。湿式复合是把胶黏剂涂布到一种基材上，然后与另一种基材压合在一块，再进入烘箱中蒸发掉溶剂或水分的方式。胶黏剂一般是水溶性或水乳液胶黏剂，如聚乙酸乙烯酯乳液、聚氯乙烯乳液、阿拉伯树胶、动物胶和水玻璃等。

③ 涂覆薄膜。湿式复合就是在薄膜的表面均匀地涂覆一层涂覆剂，有单面涂覆和双面涂覆。涂覆剂用得最多的是聚偏二氯乙烯类（常用的是偏二氯乙烯与少量氯乙烯或丙烯腈的共聚物），其目的是提高薄膜的气密性，使其具有优良的防湿性、阻气性和保香性。聚偏二氯乙烯涂覆剂以乳液或溶液状态涂覆在玻璃纸、聚乙烯、聚丙烯、聚氯乙烯、聚酯或尼龙等薄膜上。

④ 挤出复合。挤出复合是通过挤出机将热熔性树脂从 T 形模均匀挤出在基材上，同时与另一基材加压冷却贴合的方式，如聚乙烯和聚丙烯等。

⑤ 共挤复合。共挤复合是根据复合薄膜的层数（一般为2～7层），采用相应台数的挤出机，或一台挤出机同时提供两层，两种或两种以

上熔融树脂被喂入一个共用的模头以实现挤出复合。共挤出所用的几种树脂的加工温度不允许相差过大。其共挤制品包括聚丙烯/聚乙烯、尼龙/离子交联聚合物/聚乙烯、尼龙/改性聚乙烯/聚乙烯、聚丙烯/聚偏二氯乙烯、聚乙烯/聚偏二氯乙烯/聚乙烯、聚乙烯/改性聚乙烯/尼龙/改性聚乙烯/聚乙烯，以及聚乙烯/离子交联聚合物/尼龙/离子交联聚合物/聚乙烯等。

塑料包装材料在给人们生活带来便捷的同时，也增加了环境污染。为此，塑料类包装材料正朝着轻质化、可回用、可降解、无污染的方向发展。

5.3.2 功能性高分子包装材料

功能性包装材料是指那些具有特殊保护功能的材料，如具有高阻隔性、环境降解性、防静电性、隐身性、可溶性、可食性以及其他特殊功能的材料。不同的产品包装需要不同的功能性包装材料。

（1）高阻隔包装材料

高阻隔材料就是一种材料具有很强的阻止另一种物质进入的能力。高阻隔性塑料材料具有阻氧气、阻水蒸气、阻油、透明等特性，可有效地保持容器及包装内食品等内容物原有的口感、气味，防止品质劣化、延长商品货架寿命及保质期限。在国际包装行业中，尤其是食品、医药包装中，高阻隔性包装材料越来越多地被使用。

高分子的化学结构和聚集态结构是决定其透气能力的主要因素。根据相似相溶原理，非极性高分子易透过非极性气体，如PE、PP、PS、EVA（乙烯-乙酸乙烯共聚物）都有非常高的透气率，属于透气性包装材料；极性高分子的透气率低，如PA、PAN（聚丙烯腈）、PVA、PET、PVC、EVOH（乙烯-乙烯醇共聚物）等都属于阻隔性包装材料。

（2）绿色塑料包装材料

根据绿色包装的定义和宗旨，在包装材料的生态循环中，不仅包装产品的本身是绿色的，不损害人体，作为废弃物后也不污染环境，可以回收处理或回归自然。

① 可降解塑料。可降解塑料是指在塑料中加入一些促进其降解的助剂，或合成本身具有降解性能的塑料，或采用可再生的天然原料制造的塑料，在使用和保存期内满足原来应用性能要求，使用后在特定环境条件下在短期内其化学结构发生明显变化，从而引起某些性质损失而能自行降解的一类塑料。

② 水溶性塑料包装材料。水溶性包装薄膜的主要原料是低醇解度的聚乙烯醇及淀粉。原理是利用聚乙烯醇的成膜性、水溶性及降解性，并添加各种无毒的助剂。添加剂各组分与聚乙烯醇、淀粉之间只发生物理溶解，改善其物理性能、力学性能、工艺性能及溶水性能，但不发生化学反应，不改变其化学性能。该材料具有降解彻底、使用安全、力学性能好的特点。

5.3.3 各种高分子包装辅助材料

在包装工业中，除了要用塑料、纸、玻璃、金属、陶瓷、木材等包装材料外，还需要一些其他材料与这些包装材料配合才能构成完整的包装容器或形成一个完整的包装，这些材料就是包装辅助材料。包装辅助材料通常包括各种包装印刷油墨、涂料、包装件用捆扎材料以及封缄材料等。

（1）包装印刷油墨

包装印刷油墨的功能是在纸张或其他包装材料上通过印刷形成耐久的有色图像。印刷油墨主要由有色物质（颜料或染料）和连接料组成，其中有色物质起显色的作用，连接料在油墨中起分散有色物质的作用，负责把颜料转移到包装材料上，使颜料与材料表面黏着，并在印刷品的使用期间内起保护图像的作用。油墨中除有色物质和连接料之外，还有一些辅助剂，用以改善印刷适性，促进油墨干燥以及改善印刷效果之用。

印刷油墨中的连接料是一种胶黏状流体，它是起连接作用的，由树脂或橡胶衍生物等溶解在干性油或溶剂中制得，它的作用是使粉状的颜料均匀分散后，形成具有一定流动度的浆状胶黏体，在印刷后很好地形成均匀薄层，固着于承印材上，并使印刷表面具有一定的光泽，它是决定油墨性能优劣的重要因素。油墨对树脂的要求是从印刷品表面性质、印刷物使用的场合、印刷工艺的限制以及环境污染等几方面综合考虑的。要求树脂能使印刷品的墨膜具有良好的光泽、附着牢度和硬度；要求树脂赋予油墨适当的流变性，抗水性和印刷适性；要求树脂与植物油、油墨用溶剂或其他树脂有良好的互溶性。印刷油墨中使用的合成树脂有醇酸树脂、酚醛树脂、顺丁烯二酸树脂、聚酰胺树脂、氨基树脂、环氧树脂等。

（2）胶黏剂和胶带

胶黏剂通常是以具有黏性或弹性体的天然产物或合成高分子化合物为基料，并加入固化剂、填料、增韧剂、稀释剂、防老剂等添加剂组成的一种混合物。胶黏剂是最重要的包装辅助材料，它在包装工业中占有非常重要的地位。各种纸容器的封口，复合薄膜的制造，瓦楞纸板的制造，瓦楞纸箱和纸盒的制造、封合，各种包装容器的标签的黏结，各种胶带的制造都离不开胶黏剂。

胶带是将胶黏剂涂布于纸、塑料、布或复合材料等基材上，然后采用一定的隔离材料或背层处理剂将胶黏剂隔离开，并卷成盘卷而成。使用时可通过稍加按压、加热、加水活化或加溶剂活化等方法，使胶黏剂发生黏合作用，这样胶带便与其他材料黏结起来。

包装工业中，被黏结材料的种类很多，不同类型的材料，如金属、木材、塑料、纸、复合薄膜等，其物理、化学性质各不相同，对黏结强度有很大影响。因此，要根据不同的材料，选用不同的胶黏剂及黏结工艺。

在包装中，合成树脂胶黏剂主要以乳液型胶黏剂、热溶型胶黏剂、溶剂型胶黏剂以及压敏型胶黏剂四种形式应用。合成树脂胶黏剂的主要原料为合成树脂。合成树脂中的一类为具有线型结构的热塑性树脂，其制成胶黏剂后的特点是胶膜柔软、有弹性、耐冲击、初黏性好。但黏结强度较低，耐热性和耐溶性都较差，在达到一定温度时往往有蠕变倾向。另一类为热固性树脂，它们多为带有各种官能团的线型结构高聚物，这种高聚物在固化剂或其他因素的作用下转变成不溶的体型结构高聚物，从而获得比较牢固的黏结效果。

5.4 合成高分子材料在纺织行业的应用

5.4.1 日用合成纤维

（1）纺织品用合成纤维

近年来，合成纤维工业新技术的发展取得重大进步，不断追求生产技术的高速、高效、连续化、柔性化、大容量、短流程、节能降耗、多功能化，产品水平不断提高，投资和生产成本大幅下降。

采用熔融纺丝工艺的聚酯纤维、聚酰胺纤维、聚丙烯纤维，尤其是这些纤维的长丝生产，纺丝速度提高最为明显。在高速纺丝工艺不断进步的同时，短程纺丝技术也在不断发展，成为简化工艺、减少投资、提高效率的重要方面。

差别化和功能化纤维仍将是开发重点。国外差别化纤维历经四代发展（替代、仿制、高仿、超仿），其仿真水平已进入高性能超天然纤维阶段。

随着生活水平的提高，人们对服饰的需求不仅仅是保暖、舒适，而是追求更多的功能化。目前，国外流行的高档化纤面料，大量选配使用多功能、多组分、复合、混纤、细量、超细旦、四异（异纤度、异收缩、异截面、异材质）、中空、易染等差别化纤维和具有抗静电、高吸水、抗起球、阻燃、导电、远红外保健、紫外线屏蔽、荧光、香味、防污、透气、防水等功能纤维来适应功能面料的要求。

尼龙-6 和尼龙-66 均属于聚酰胺类高聚物大类，分子结构和主要性能相似。

尼龙-6，又名耐纶-6、锦纶-6，化学名为聚己内酰胺。是己内酰胺开环缩聚生成的产物。尼龙-66，又名耐纶-66、锦纶-66，化学名为聚己二酰己二胺，是己二酸与己二胺的缩聚产物。从分子结构上看，这两种纤维是非常相似的，所以两者的物理及化学性能也基本近似。

所不同的是尼龙-66相邻分子间的氢键结合得更加牢固，因此它的熔点高达260℃，比尼龙-6要高出40℃左右，耐热性能比较优越。尼龙-66的价格比尼龙-6贵，手感较尼龙-6柔软，可做超细纤维，做高档服装面料，现在市场上质量好的羽绒面料都用尼龙-66，手感滑腻，轻薄柔软，并有防羽效果。但染色较困难，不易上色，需要高温染色，色牢度也不是很好。两者的织造和缝纫性能都还不错，但尼龙-66的熔点较高，耐热性能较好，弹性模量也更好，更适合制造耐热应变的产品，如轮胎帘子线和耐热水洗涤织物以及梭织物。不过这都是从细微的方面来区别的，实际上两者在服装用纺织品上的差别是不大的，主要用途差异在工业应用上，特别是在帘子线的用途上，尼龙-66更加优秀。

腈纶纤维。腈纶是聚丙烯腈纤维在我国的商品名，国外则称为“奥纶”“开司米纶”。通常是指用85%以上的丙烯腈与第二和第三单体的共聚物，经湿法纺丝或干法纺丝制得的合成纤维。丙烯腈含量在35%～85%之间的共聚物纺丝制得的纤维称为改性聚丙烯腈纤维。

聚丙烯腈纤维的性能极似羊毛，弹性较好，伸长20%时回弹率仍可保持65%，膨松卷曲而柔软，保暖性比羊毛高15%，有合成羊毛之称。强度比羊毛高1～2.5倍。耐晒性能优良，露天曝晒一年，强度仅下降20%，可做成窗帘、幕布、篷布、炮衣等。能耐酸、耐氧化剂和一般有机溶剂，但耐碱性较差。纤维软化温度190～230℃。

聚丙烯腈纤维可与羊毛混纺成毛线，或织成毛毯、地毯等，还可与棉、人造纤维、其它合成纤维混纺，织成各种衣料和室内用品。聚丙烯腈纤维加工的膨体毛条可以纯纺，或与黏胶纤维、羊毛混纺，得到各种规格的中粗绒线和细绒线“开司米”（山羊绒）。

（2）保健功能纤维

保健功能纤维包括抗菌纤维、远红外纤维等。抗菌纤维是将特殊的抗菌有机添加物植入纤维的管腔内，形成抗菌剂并在其中驻留。随着外部温度的变化，抗菌剂不断渗出纤维表面，形成抗菌层，抑制细菌生长繁殖。纺织品抗菌处理，初期是在织物后整理时完成，但因其抗菌性能在洗涤10～30次之后将消失，所以抗菌性成纤高聚物应运而生。采用共混丝的方法可实现聚丙烯纤维的抗菌改性功能。

高性能的安全抗菌剂经共混纺丝后，可布满整个纤维的截面，既抗菌又耐洗涤。

远红外线波长为 40～1000μm，具有热效应。远红外纤维采用的机理是远红外材料自身的晶格振动，当材料从环境或人体吸收热能量后，其分子中的原子或原子团处于高能量的激发状态，当原子或原子团从高能量的振动状态向低能量状态转变时，就会产生远红外辐射。人体对远红外波段的辐射具有吸收能力，吸收远红外辐射后，产生体感温升的效果，起到保暖作用。

远红外纤维是具有吸收和发射远红外线功能的一种新型功能纤维。它不但可以吸收太阳光或人体辐射出的远红外线而使自身温度升高，而且在不同温度场里发射出波长和功率与其温度相应的远红外线，使其达到保温的目的。同时，辐射的远红外线极易渗透到皮肤深层达到促进血液循环，增大血流量及抑菌、防臭等功效。远红外纤维又称陶瓷纤维，即纤维内含有特殊的陶瓷成分，该成分吸收人体释放出来的辐射热，或者吸收自然界的光热后放出远红外波。

5.4.2 工业用合成纤维

(1) 增强用纤维

复合材料除以玻璃纤维为增强材料外，还可使用多种其他增强纤维，特别是高性能的高分子复合增强材料，或者高分子材料基的增强材料。

① 碳纤维。碳纤维是迄今高性能用途中用得最广泛的增强纤维。根据所用母体的不同，碳纤维有聚丙烯腈（PAN）基、黏胶基和沥青基碳纤维几种。目前用得最多的是 PAN 基碳纤维。

② 芳纶纤维。芳纶纤维即芳香族聚酰胺纤维，具有优异的抗冲击性和拉伸强度。芳纶纤维主要用于防弹衣及其他防护制品，此外它还是直升机转子叶片、火箭发动机壳体、压缩天然气罐、体育器材、轮胎、高强绳索、传送带的理想材料。

③ 超高分子量聚乙烯纤维。超高分子量聚乙烯（UHMWPE）纤维又称为高强度高模量聚乙烯纤维，这种纤维具有高分子量、高交联

度、高取向度和高结晶度，其强度是优质钢的 15 倍，是一般化学纤维的 10 倍，因而被誉为超强纤维。此外，这种纤维还具有密度低、重量轻、模量高、介电常数低、耐紫外线、耐腐蚀、抗冲击、防切口等特点，但它在持续载荷下的延伸率相对较低，使用温度上限为 98℃。

UHMWPE 纤维广泛应用于防护用品，如防弹板、防弹头盔、防弹背心等。其复合材料还用于航空航天、船艇、高性能缆索、体育器械、医疗器械及其他要求抗冲击、抗切/抗撕、防潮湿但不一定要求耐极高温度的用品。

（2）光导纤维

聚合物光纤（POF）是光导纤维家庭中的重要成员之一。与多组分玻璃光纤和石英光纤相比，它具有大直径、重量轻、杰出的柔软性和优异的弯曲性能等，且易于加工、成本低，能制成大直径（1～3mm）纤维，增大受光角，具有抗挠曲、抗冲击、黏结容易、耐辐射以及价格低廉等优点，能在汽车、航空、医学、军事等领域获得应用，在最近几年中得到飞速发展。国外科技界和生产厂商竞相研制，发表了众多论文和专利，提供了多品种、多用途的产品。光导纤维在光学材料领域中已占有重要地位，并显示出宽广的应用前景。

光导纤维主要由两部分组成：一是以高透明度的有机高分子材料作为芯材，如聚甲基丙烯酸甲酯（PMMA）、聚苯乙烯（PS）和聚碳酸酯（PC）等；另一部分鞘层材料，要求其折射率低于芯材，利用它们折射率之间的差异达到全反射的要求，起着防止漏光和保护芯材的作用。一般可以采用烯烃聚合物、含氟烯烃聚合物、含氟甲基丙烯酸酯以及有机硅树脂等。鞘层材料折射率一般要求比芯材至少小 0.5%，一般保持在 2%～5%为佳。实际上，光导纤维的高分子材料是无定形结构时才能得到优越的光传递性能。

5.4.3 特殊用途合成纤维

（1）电磁波屏蔽纤维

随着现代高新技术的发展，电磁波引起的电磁干扰（EMI）与电磁兼容（EMC）问题日益严重，在继噪声污染、空气污染、水污染之后，电磁波污染成为威胁人类健康的一大公害。探索高效的电磁屏蔽材料，防止电磁波辐射污染以保护环境和人体健康，防止电磁波泄漏以保障信息安全，已经成为当前国际上迫切需要解决的问题。世界各国先后通过立法和制定标准来规范各类电子产品电磁辐射剂量，我国也颁布了一些行业性的电磁辐射防护规定。我国加入 WTO（世界贸易组织）后，凡是不符合 EMC、EMI 管制及认证制度的产品，皆难以在发达国家上市流通。由于电磁屏蔽材料在社会生活、经济建设和国防建设中的重要作用，其研发愈发成为人们关注的重要课题。

目前，国外发达国家电磁屏蔽材料发展很快，美国、英国、日本等国已经形成生产各种类别和系列规格的屏蔽材料的产业。国内在电磁屏蔽材料领域相对滞后，开发应用的品种较少，屏蔽性能低，未能形成产品的系列化和产业化。

按电磁屏蔽机制电磁屏蔽材料分为 3 种：反射损耗为主，吸收损耗为主，反射损耗和吸收损耗相结合。按屏蔽材料的组成可分为铁磁类、良导体类和复合类。按屏蔽材料制备与存在形态可分为涂敷型和结构复合型。目前主要有以下 4 种形式屏蔽材料：高分子导电涂料、表面敷层型屏蔽材料、纤维类复合材料、发泡金属类。

复合导电纤维是利用化学镀、真空镀、聚合或电浆等方法使金属附着在纤维表面上形成金属化纤维，或在纤维内部掺金属微粒物质，再经过熔融制成导电性或导磁性纤维。常用纤维有银纤维、铜纤维、碳纤维、铁纤维、不锈钢纤维及镀金玻璃纤维等。

（2）智能纤维

智能纤维是智能材料的主要品种之一，近年来在国内外发展较快。智能纤维就是当纤维所处的环境发生变化时，其形状、温度、颜色和渗透速率等随之发生敏锐响应，即突跃性变化的纤维。由于它在现代科学和技术领域有一些特殊的用途，因此已引起国内外学者的广泛关注，研究和开发方兴未艾。下面介绍其中几个主要品种。

① pH 响应性凝胶纤维。pH 响应性凝胶纤维是随 pH 值的变化而产生体积或形态改变的凝胶纤维。这种变化是基于分子水平、大分子水平及大分子间水平的刺激响应。Tanaka 等认为，控制凝胶纤维这种变化的力来自 3 个方面：聚合物的弹力、聚合物间的亲和力、离子压

力。当这三者之间达到平衡时，凝胶纤维的溶胀呈平衡状态。当这些力的平衡发生变化时，凝胶纤维就发生相变。

② 光敏纤维。在光的作用下，纤维的某些性能，例如颜色、力学性能等发生可逆变化的纤维称为光敏纤维。在光敏纤维中，研究的热点是光致变色纤维。由于其颜色随外界环境而发生可逆变化，因此不但能满足当代消费者追求新颖的消费心理（例如希望服装的色彩富于变化），而且具有一些常规纤维制品所无法具有的有趣用途，从而使人类与环境的关系更加协调。光致变色纤维通过在纤维中引入光致变色体而制得。在光作用下能可逆地发生颜色变化的化合物叫光致变色体。现在已合成出许多光致变色体。对于有机化合物而言，光致变色往往与分子结构的变化联系在一起，如互变异构、顺反异构、开环闭环反应，有时为二聚或氧化还原反应。

③ 温敏纤维。某些性能随温度改变而发生可逆变化的纤维称为温敏纤维，通过在纤维中引入温敏化合物而制得。

5.5 合成高分子材料在生物医疗行业的应用

5.5.1 人工器官

高分子材料作为人工脏器、人工血管、人工骨骼、人工关节等医用材料，正在得到愈来愈广泛的应用。到目前为止，除了大脑和胃之外，几乎所有的人体器官都在研制代用的人工器官。

人工器官种类繁多，形状各异，因而其加工成型的方法也是多种多样的。近年来对各类人工器官加工成型的方法经历多次改进，积累了丰富经验，为能制成满足使用性能要求的制品，已开发了许多新的加工成型方法，针对不同器官、曾采用了模压、浸渍、浇铸、涂敷、流延、包埋、熔融纺丝和编织等方法。有时还需要进行后处理，如坯料车削、瓣膜的双向或多向拉伸及表面处理等。

下面介绍几种重要的人工器官。

（1）人工心脏和人工心脏瓣膜

心脏是人体血液循环系统中的动力器官，经过心脏与肺的协同工作，血液不断地氧合更新，并在全身不断循环从而将新鲜血液送往各个器官，以保证人体正常的生命活动。心脏发生病变，往往危及生命。以人工心脏代替人体自身的心脏是多年来人们追求的目标（图 5-1）。

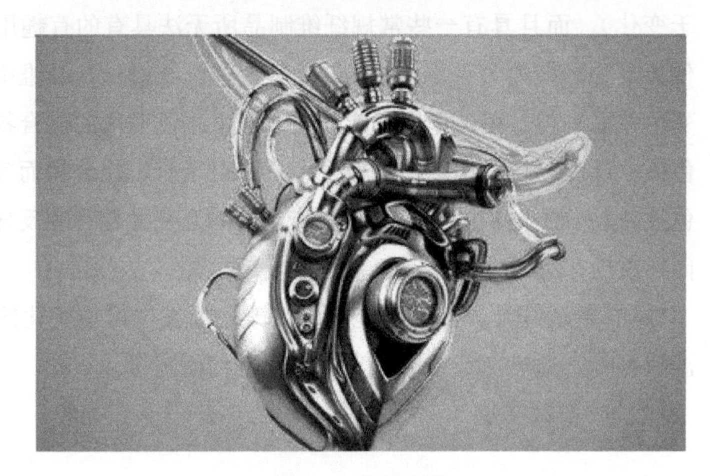

图 5-1　人工心脏

用于人工心脏泵体的高分子材料，除具备一般高分子材料的性能外，还特别要求具有柔性、弹性、耐疲劳强度和抗血栓性。若以一般成年人的心脏每分钟平均搏动 72 次为例，每日搏动次数高达 10 万次以上，当从事体力劳动时，还会成倍增加，一年就要搏动 3650 多万次。因此，作为永久性人工心脏泵的材料要考虑到足够的安全系数，必须具备优异的耐屈挠性能。为确保血液循环畅通无阻，用高分子材料制成的心脏泵体和隔膜的内表面必须具有优异的抗凝血性能。

用于人工心脏的主要材料有链段型聚醚氨酯、聚硅氧烷与聚氨酯的嵌段共聚物、硅橡胶、聚氯乙烯、聚四氟乙烯和聚烯烃等。

心脏瓣膜在心脏中所起的作用是极为重要的，如果说心脏是血液的泵体，瓣膜就是单向的阀门，它们只允许血液朝一个方向流动。当血液需要通过时就开启，当需要阻止血液通过时就闭锁，从而保证血液在身体中的正常循环。人体心脏中有四个瓣膜：三尖瓣、肺动脉瓣、主动脉瓣和二尖瓣。无论哪一个瓣膜发生病变（如增厚、狭窄或闭锁不全）都会引起不良后果，如会出现心肌劳损、左心或右心衰竭，这些都属于心脏病变的重要类型，严重时可导致心力衰竭死亡。采用天然心瓣（人体或动物）进行置换曾是早期治疗的有效方法，但后来发现，远期效果不够理想，而采用人工心脏瓣膜进行移植，在全世界已成功解除了数十万人的病痛。

人工心脏瓣膜主要有机械瓣和生物瓣。由于心脏瓣膜植入心腔后，始终全部浸没在血液之中，因此对于材料的要求十分苛刻。它不仅要具有高强度和耐疲劳性，而且要有优异的抗凝血性。

作为人工心脏瓣膜的合成材料，曾采用聚四氟乙烯、聚氨酯、聚乙烯、聚丙烯、聚碳酸酯、聚甲醛、硅橡胶等，其中硅橡胶和含氟橡胶性能较好，但材料的老化、血栓形成、肉芽组织增生、摩擦损耗等仍是需要解决的问题。近年来多采用各向同性碳人工心脏瓣膜材料。热解碳是由烷烃高温分解后沉积在基质上而制成，抛光后表面极为光洁平滑，在机械强度、耐磨性，尤其是抗凝血性等方面都优于硅橡胶。但使用上述材料制作的人工心脏瓣膜患者，需终身服用抗凝血药物。

（2）人工肾

肾脏具有清除血液中代谢废物（如肌酐、尿素、尿酸和对人体有害的毒物）、排除过多的水分、维持盐分的浓度和酸碱平衡，以及重新吸收补充人体所需的部分营养等功能。肾功能衰竭会使代谢废物不能及时清除而在血液中积蓄，使肌体的生理环境失去平衡而导致尿毒症，甚至危及生命。

为了挽救病人，进行肾移植已获成功，而且愈后效果较好。然而，由于供体来源受到限制和移植后的排异反应等因素，发明了人工肾。人工肾是利用高分子材料进行透析、过滤和吸附，使代谢物进入外界配制好的透析液中，经透析、过滤处理后完成肾脏的功能。人工肾进行血液净化的方法有血液透析法、血液滤过法、血液透析滤过法、血浆交换法和血液毒素吸附法。

用于人工肾的高分子膜材料主要有铜铝粉、乙酸纤维素、聚丙烯腈、聚乙烯基吡咯烷酮、乙烯-乙酸乙烯共聚物、聚砜、聚甲基丙烯酸甲酯、聚碳酸酯、乙烯-乙烯醇共聚物、聚硫橡胶、芳香聚酰胺、骨胶原。其中铜铝粉使用最多，约占所有材料的87%。

（3）人工肺

在心脏外科手术中，心脏活动需暂停一段时间，此时需要体外人工肺装置代行其功能。呼吸功能不良者，需要辅助性人工肺。心肺功能不良者也需要辅助循环系统，用体外人工肺向血液中增加氧。所有这些都涉及人工肺的使用。

目前，人工肺有两种类型：一类是氧气与血液室接触的气泡型，优点是价廉、高效，但易溶血和损伤血球，只能短时间使用，适合于成人手术；另一类是膜型，气体通过分离膜与血液交换氧和二氧化碳。膜型人工肺的优点是易小型化，可控制混合气体特定成分的浓度，可连续长时间使用，适于儿童的手术。

可以作人工肺富氧膜的高分子材料很多，主要有硅橡胶、聚烷基砜、硅酮聚碳酸酯。其中，硅橡胶具有较好的氧和二氧化碳透过性、抗凝血性，但机械强度较低，可用聚酯、尼龙绸布或无纺布来增强。

（4）人工血管

血管的功能是输送血液，使全身的组织和器官不断进行新陈代谢活动。如果血管出现阻塞或破裂，就会影响血液的正常循环，严重时，将危及生命。有人曾用象牙、玻璃和金属材料制作人工血管，都因出现血液凝固而失败。采用高分子合成纤维制成的人工血管，代替截除的天然血管，已成功地用于十余万患者，取得了良好效果。可以制作人工血管的高分子材料有聚乙烯、聚丙烯、聚氯乙烯、聚偏氯乙烯、聚苯乙烯、聚乙烯醇、聚四氟乙烯、聚酰胺、聚酯、聚氨酯、聚氨基酸以及纤维素衍生物等，已有商品生产。人工血管的使用性能，如弹性、柔性，尤其是抗凝血性能，是至关重要的。这些性能除与材料本身有关外，还与加工成型方法有密切关系。

（5）人工骨、人工关节、骨水泥

高分子材料最早应用于人工骨骼。第一例医用高分子材料是以聚甲基丙烯酸甲酯作头盖骨。现在，尼龙、聚酯、聚乙烯、聚四氟乙烯都已成功地用于人工骨骼材料。

人工关节有很多，如髋关节、膝关节、肘关节、肩关节、腕关节、指关节等，其中以髋关节和膝关节承受的力最大。近年来，人工关节大多是以不锈钢、陶瓷等高强材料制作，以高分子材料为臼配合而成。

骨水泥是一类传统的骨用胶黏剂，由单体、聚合物微粒、阻聚剂、促进剂等组成。为了便于 X 射线显影，有时还加入显影剂硫酸钡。

（6）人工皮肤

国内外对于人工皮肤已有许多研究，公认较好的是呈复合结构的人工皮肤。其表层是起控制水分蒸发、防止蛋白质和电解质损失、防止细菌侵入作用的合成高分子膜；中间层是由合成高分子纤维制成，用于方便人工皮肤缝合固定在被植体上的柔软织物；底层则是由生物相容性好，能促进表皮细胞贴壁和增殖的生物降解高分子制成，可防止皮下积液的海绵状物质。

5.5.2 医用胶黏剂

在医学临床中，医用胶黏剂有十分重要的作用。在外科手术中，医用胶黏剂用于某些器官和组织的局部黏结和修补，手术后缝合处微血管渗血的制止，骨科手术中骨骼、关节的结合与定位，齿科手术中用于牙齿的修补。

（1）齿科用胶黏剂

牙科中使用的胶黏剂，按照其被粘物的不同，可分为软组织用胶黏剂和硬组织用胶黏剂两大类。其中，软组织用胶黏剂即用于齿根或口腔黏膜等软组织的胶黏剂；硬组织用胶黏剂常用的有磷酸锌胶黏剂、羧基化固化剂、玻璃与聚合物胶黏剂和聚甲基丙烯酸甲酯胶黏剂。

（2）外科用胶黏剂

外科用胶黏剂主要是黏结需要恢复机能的生物机体，仅在创伤愈合前起暂时的黏结作用，黏结之后，要能很快分解、排泄或吸收。经过几十年的发展，至今有几十种品种，但仍以较早开发的 α-氰基丙烯酸酯最为合适。它是单组分、无溶剂，粘接时无须加压，可常温固化，粘接后无须特殊处理。由于其黏度低、铺展性好，固化后无色透明，有一定的耐热和耐溶剂性，在人体生理环境中，能与人体组织紧密结合，是唯一用于临床手术的胶黏剂。

5.5.3 药用高分子和高分子药物

近年来，合成高分子化合物的迅速发展，使药物工作者可以利用合成高分子的特性来研制新的药物，因此合成高分子化合物在医药工业上的应用越来越广泛。这不但改变了传统的施药方式，而且开发了各种药物的新剂型，开辟了药物制剂学的新领域，使药物长效化、稳定化，减少药物的毒性和副作用，为人类的健康长寿做出了贡献。

用于医药领域的合成高分子化合物可分为药用高分子化合物和高分子药物两大类。前者用于制剂加工，后者则直接作为药物使用。其中，用于制剂加工的药用高分子化合物包括稀释剂、胶黏剂、包衣材料、赋形剂、增黏剂、悬浮剂、乳化剂等辅药用高分子，药物高分子固定化所用的高分子基质，因没有药理活性，所以也被归入药用高分子的范畴，如固相酶、微胶囊和低分子药物与高分子基质以化学键结合所成的药物，有某些学者把后一类（具有高分子链的低分子药物）称作高分子药物的情况。直接作为药物使用的高分子，因本身具有药理活性，故称为高分子药物，如高分子抗肿瘤药、抗病毒药、抗硅沉着病药等。

（1）辅药用高分子

辅药用高分子本身并无药理活性，只是在药物制剂中起着一些从属或辅助性的作用，所以是一类制药用的助剂。包括胶黏剂、包衣材料、增稠剂、乳化剂、助悬剂和赋形剂等。

① 胶黏剂。粉末状的药物服用很不方便，所以往往把它制成片剂、丸剂等，这就需要外加胶黏剂。胶黏剂可使药物分量准确化，服用方便，并可在消化道内定量溶解释放药物。

胶黏剂有两大类，一类是水溶性的高分子物质，这类水溶性的胶黏剂常用的有淀粉纤维素衍生物（甲基纤维素、羧甲基纤维素、羟乙基纤维素）、聚乙烯醇等。将水溶性胶黏剂与药物混合，压成片剂或丸剂，水分挥发后就将药物黏结起来，服用后在消化道内水分的作用下，药物再度分散而发挥药效。另一类是溶于有机溶剂的高分子物质，常用的有乙基纤维素、聚乙酸乙烯酯和聚乙二醇等。在加工对水不稳定的药物时，就需用这一类胶黏剂来保证药物加工时的稳定性。

有的高分子化合物既溶于有机溶剂又有良好的水溶性，如聚乙烯吡咯烷酮，用它们作水不稳定药物的胶黏剂，不但保证了药物加工时的稳定性，而且药剂在体液的作用下有良好的崩解性。

② 包衣材料。包衣材料的作用是掩盖药品的臭味和苦味，便于服用，避免药品与湿气、氧气及光的相互作用，使药品稳定化；控制降解时间与释药部位，避免药物对脏器的刺激，提高药效和生物利用度；还可以进行染色，使药剂美观和区别药物的品种。包衣剂分保护包衣和薄膜包衣两种。传统的保护包衣材料为糖衣和虫胶，前者是亲水性材料。后者为疏水性材料。它们的稳定性及崩解性均差，且药物利用率低。现在倾向于利用高分子化合物。高分子包衣材料具有耐水性好，水、氧透过性低等特点，其应用越来越广泛。

③ 增稠剂、乳化剂和助悬剂。药物做成溶液制剂、乳剂或混悬剂等液状制剂时，吸收速度和吸收效率均可提高，但副作用也增加。因此药剂的黏度、乳化度和浊度均为重要指标。加入增稠剂、乳化剂和助悬剂可使药物在体内吸收速度增大，副作用减少。作增稠剂的高分子化合物，过去大多使用阿拉伯胶等天然树脂，现在则多被羧甲基纤维素的盐类、甲基纤维素、聚乙烯吡咯烷酮、聚乙烯醇等所取代，它们对各种药物都具有良好的分散或溶解作用。如甲基纤维素常用作眼药水的增稠剂，使药剂在眼中的停留时间增长，提高了药效。聚乙二醇具有保护胶体效应和突出的溶解作用，常作为助悬剂或溶剂。种类繁多的表面活性剂是许多非水溶性药物的乳化剂。

④ 赋形剂。赋形剂也是制药工业中常用的一种助剂，当药物中主药成分含量过少时，需要加入一定数量的赋形剂，它本身不具有药理活性，只起分散主药成分的作用，一般用水溶性的物质，如乳糖等糖类。但糖类易于潮解，往往造成药物保存过程中的变质失效，因而近年来它逐渐为高分子化合物所取代。用作赋形剂的高分子化合物有聚乙烯基吡咯烷酮、聚乙酸乙烯酯、聚甲基丙烯酸甲酯、聚

甲基丙烯酸丁酯、聚异丁烯等。高分子材料作赋形剂不但使主药在其中均匀分散，而且由于其溶解速度较慢，还部分地促进药物的长效化和保存的稳定性。如通常的乳酸铁片剂是由葡萄糖溶液制成的，虽赋予它有一定的硬度，且贮存初期具有正常的红褐色，但贮存时间稍长，会由于空气的作用使氧化亚铁的含量下降，褐色就会逐渐褪去。若以聚乙烯吡咯烷酮代替葡萄糖作为赋形剂，乳酸铁片剂的稳定性大大提高，即使贮存5年，氧化亚铁的含量也基本不会下降，色泽亦无变化。高分子赋形剂的另一种应用是作抗癌药物磁性载体，这是一种具有高选择性的抗癌药物新剂型。它是由铁磁性颗粒与以高聚物为主的赋形剂包封的抗癌药所组成，在体外磁场的定位引导下，犹如磁控导弹，能浓集和停留在靶组织表面，然后缓慢地释放药物，对癌细胞进行持久有效的攻击，所需治疗剂量很小，有高选择性，从而大大减轻全身的毒副反应。

（2）高分子药物

粗略地划分，高分子药物可以分为本身具有药理作用的某些“天生的”高分子药物，以及以高分子作为基本骨架，通过共价键、络合等方式把已有的小分子药物嫁接进来形成特定药效的复合物。显而易见，作为药物，后一类型具有更高的可设计性。

高分子化合物分子的化学组成和空间结构、理化性质等，会赋予部分高分子化合物某些特殊的药理功能。高钾血症治疗剂、降胆固醇树脂、制酸剂、清创剂、止泻及缓泻剂、抗炎剂、高分子载体药物等都是常见的高分子药物。

（3）高分子免疫佐剂

佐剂是一类能够以非特异性方式增强机体对抗原免疫应答的物质。通常与抗原一起使用，组成疫苗，可以明显增强疫苗的免疫效果，提高疫苗效价。对于以弱抗原构成的疫苗而言，要诱生较强的、具有保护性的免疫应答，佐剂是必不可少的成分。理想的疫苗佐剂应当是高效、无毒，在体内易代谢，非冷藏条件下稳定。

高分子佐剂可以通过不同的机理有效地增加机体的免疫应答。与小分子佐剂相比，高分子佐剂的结构可变性较大，易于进行结构修饰。通过改变高分子的化学、物理性质，可以调节抗原的释放和递呈方式，调节免疫细胞的功能，实现对免疫应答的调控，以获得最佳的免疫效果。利用高分子控制释放系统，设计具有向免疫器官（如脾脏、淋巴结等）和免疫细胞（如巨噬细胞等）靶向输送性能的高分子佐剂也是十分有意义的研究课题。

5.6 合成高分子材料在食品加工行业应用

5.6.1 高分子微胶囊在食品加工中的应用

微胶囊技术是指利用天然或合成高分子材料，将分散的固体、液体，甚至是气体物质包裹起来，形成具有半透性或密封囊膜的微小粒子的技术。包裹的过程即为微胶囊化，形成的微小粒子即为微胶囊。

微胶囊由包裹材料和被包裹材料组成，被包裹材料称为芯材，包裹材料称为壁材。芯材可以是单一的固体、液体或气体，也可以是它们的混合物，作为壁材的物质有很多，主要为天然高分子材料、半合成高分子材料、全合成高分子材料及无机材料。

微胶囊技术应用于食品工业，使许多传统工艺过程得到简化，同时也使许多通用技术手段无法解决的工艺问题得到了解决，极大地推动了食品工业由初加工向深加工的转变。目前，利用微胶囊技术已开发出许多微胶囊化食品，如粉末色素、粉末酒、胶囊饮料等。风味剂（风味油、香辛料、调味品）、天然色素、营养强化剂（维生素、氨基酸、矿物质）等微胶囊化食品也已大量应用于生产中。

5.6.2 高分子表面活性剂在食品加工中的应用

表面活性剂是一种两亲分子，即分子结构中既有亲水性部分，也有亲油性部分。表面活性剂的这种结构决定了其具有特殊的物理化学性质。一般将分子量大于3000的表面活性剂称为高分子表面活性剂。随着分子量的增大，表面活性剂的性质和用途也发生较大变化。

（1）高分子表面活性剂在焙烤食品中的应用

焙烤食品在面团调制时，加入聚氧乙烯甘油脂肪酸酯可增加面团的耐混捏性，使面团不发黏，并能缩短发酵时间，减少温度的影响，有利于大规模连续化生产。

（2）高分子表面活性剂在乳制品和油脂复制品中的应用

乳制品包括奶粉、冰激凌、奶油、炼乳等。在奶粉喷雾造粒时，喷涂高分子表面活性剂可大大增加产品颗粒的亲水性能。

冰激凌是以稀奶油为主要原料的松软冷冻食品。生产冰激凌时加入 0.1%～0.25%的乳化剂（如聚甘油酯）可使空气易于渗入，形成细密的气孔结构，提高膨胀率；防止冷冻时脂肪析出，使成品坚挺稳定。

油脂复制品包括人造奶油和起酥油等。表面活性剂可使人造奶油的油溶性成分和水溶性成分充分乳化，防止油水两相分离。山梨糖醇酐单硬脂酸酯、蔗糖酯、甘油混酯、聚甘油酯等都是良好的人造奶油的乳化剂，可单独或复合使用。

5.6.3 食品保鲜用高分子材料

保鲜包装是在规定的储存条件下，采用有特殊性能的包装材料或特殊结构的容器包装水果、蔬菜等食品，或对这类食品进行必要的化学、物理处理，使其在一定时间内保持色、香、味而采取一定防护措施的包装。

食品保鲜包装材料是指具有保鲜功能且用于食品保鲜的材料。食品保鲜材料可以分为硬材、软材和散材。保鲜包装硬材是指那些有一定刚性的板材和片材，如塑料板材、瓦楞纸板、金属板材等；软材是指纸或塑料薄膜类；散材多是指粉剂或水剂。

目前，新型的保鲜包装材料有保鲜薄膜 AGB，这是由一种特殊方法烧成的多孔陶瓷混入聚乙烯制成的薄膜。该薄膜能阻隔紫外线和红外线的塑料薄膜，用这种塑料薄膜包装储存大米能防止大米陈化，将其贴在包装蔬菜、水果或鲜花的瓦楞纸箱板的表面上能防止果蔬腐烂和鲜花枯萎。

5.7 合成高分子材料在其他行业应用

5.7.1 高分子材料在艺术品保护领域的应用

随着高分子材料科学的发展和人们对文化遗产保护的逐渐重视，越来越多的先进高分子材料应用到艺术品的保护中。这些高分子聚合物在文物保护应用中所起的作用主要体现在：一是表面封护材料；二是渗透加固材料；三是黏结材料；四是修补类材料。

（1）表面封护材料

表面封护处理是指在艺术品表面形成致密的、不受影响的表面膜来防止湿气的侵入。这是一种用减少大气湿度侵袭的方法防止进一步风化的技术，但压力的作用使湿气从多孔结构的次表面逸出。风化、晶体生长和（或）冻融会造成严重的表面剥落，当湿气从次表面逸出时，还会造成粉末化现象，湿度有差异时还会波及表面。所以，许多现代封护材料除了阻挡流体的作用外，还应具有水蒸气穿透能力（透气性），这样可以减少压力带来的剥落。现在使用的表面封护剂主要是有机硅、脲醛类及丙烯酸类。

（2）渗透加固材料

加固保护是一种用人为的方法去修复由于自然因素引起风化损害的艺术品。加固的目的是提高强度，是用加固材料代替艺术品中由于风化引起的损失的胶结物。主要应用于那些已经风化、有解体危险、碎屑化（沙化）的多孔艺术品。

加固材料首先要渗入物体内部，通过与物体的结合部分地提高它的强度。即加固材料必须在初始阶段是流动的液态，而最终形成固态，且这种液体必须稀释到能够进入物体内长而细小的空隙内，才能达到加固的目的。加固剂应能浸润物体的表面，不仅达到理想的黏结功能，而且能够渗入物体内部。除表面张力决定加固剂渗入物体孔隙内的性能外，液体的黏度和物体孔隙大小也是影响渗透速率的主要因素。因此使用加固剂修复文物时，要充分考虑加固对象与加固材料之间的匹配问题。由于被修复物体的孔隙尺寸是不可变的，只有通过选择修复材料、溶剂的稀释、温度的调整来调节加固剂的黏度以匹配被修复物体。但选定的加固剂应保证良好的流动性以此获得渗透深度和均匀分布；注射进去的材料不应含盐或不与建筑体内的盐反应；材料的力学性能应与原来物体接近。

在实际操作中，加固剂通常以三种方式发挥作用：熔化-凝固法、传递的溶剂挥发后溶质固化法、加固剂之间的化学反应或加固剂与矿物的化学反应法等。采用固体在溶剂中溶解形成溶液的方法进行加固是一种常用的方法。多数情况是将聚合物溶解在水或有机溶剂中，待溶剂蒸发凝固后达到加固的目的。但要注意的是溶剂的挥发会引起质地酥脆文物的蜕皮现象以及细胞壁的破裂。另外，与胶黏剂及涂料类似，加固过程也可用液体现场反应达到固化的方法来实现。低分子量的材料（如单体）渗进多孔文物内部后，受引发剂作用可在较低的温度下进行聚合反应。通常情况下，为了达到必要的渗透深度，会将两组分或多组分体系中黏度较大组分溶解在适宜的溶剂中再进行渗透加固。依靠化学反应实现加固有一定的危险性，如果加固过程中放热过多，酥脆文物的安全性会受到威胁，而且有时聚合反应的速度很难随渗透深度得到控制。

有机加固剂种类较多，最具代表性的有机加固剂是有机硅类、环氧树脂类、丙烯酸类材料及含氟聚合物保护材料。环氧树脂类加固剂由主剂、稀释剂、固化剂、增韧剂、填料等部分组成，主剂有二酚基丙烷环氧树脂、酚醛环氧树脂、甘油环氧树脂等。环氧树脂结构中含有苯环、醚键，因而抗化学溶剂能力强，对酸碱、有机溶剂都有一定抵抗力。同时含有羟基、氨基及其他极性基团，因此对岩石的黏结力高。为了改善环氧树脂的性能，可添加其他材料进行改性。如为了降低环氧树脂的黏度，提高其渗透性，选用糠醛、丙酮作稀释剂，这就是所谓的呋喃改性环氧树脂。环氧树脂在建筑物和石质文物加固方面应用极其广泛，我国著名的石窟，像龙门石窟、云冈石窟、麦积山石窟等许多石窟都是采用环氧树脂加固的。目前，环氧树脂是我国使用最广泛的加固材料。

（3）黏结材料

胶黏剂的主要组分除了粘接主体组分和固化剂外，还有一些填料、偶联剂或其他添加剂。实际上，胶黏剂与加固剂非常类似，不同点仅是加固剂要求浓度低，一般是黏度很低的液体，而胶黏剂要求黏度大，流动性比加固剂小得多。

艺术品保护中的胶黏剂分为热固性、热塑性两类。热塑性树脂胶黏剂主要有乙酸乙烯酯、聚乙烯醇、聚丙烯酸、聚氨酯等。热固性树脂胶黏剂主要有环氧树脂类、酚醛类、聚氨酯类等。

热熔胶由于操作简便，瞬间就可粘牢，且可反复操作，最能满足文物修复粘接的要求，因而已广泛应用。最常用的热熔胶有乙烯-乙酸乙烯共聚树脂、乙烯-丙烯酸酯共聚树脂、聚酰胺树脂、聚酯树脂等。

（4）修补保护类材料

艺术品的修补材料性能要求也比较严格。要求修补材料与原材料匹配。主要有环氧树脂、聚甲基丙烯酸甲酯、聚乙酸乙烯酯等。不同聚合物，强度不同，可根据文物本身强度选择适宜的聚合物。对于较大的修补对象，胶泥状修补材料是经常用到的一种方法。修补裂缝时，修复砂浆比较好。

用聚乙烯醇缩醛和丙烯酸树脂等加固发脆的织物、纸张文物，用丙烯酸酯类、乙烯类单体或低聚物浸渍各类纤维文物，用高能射线照射并通过辐射聚合或辐射接枝聚合加固纤维类文物。经辐射聚合在文物上形成的高分子膜，在加固文物的同时，还能防止氧气、紫外线、水和其他有害物质的侵蚀。

用聚乙酸乙烯酯溶液浸涂古铁器文物，可密封保护铁器文物使之不继续氧化锈蚀，且不影响铁器文物原来的色泽。低分子量的环氧树脂、聚甲基丙烯酸甲酯等高分子物质的溶液都已用于金属文物的防锈加固处理。经处理的铜铁文物不锈蚀、不吸水，能保持原形，有一定强度。当不需要保护时，可用丙酮等有机溶剂浸泡洗去保护树脂，即具有所谓的可逆性。

5.7.2 高分子材料在分离工程领域的应用

分离科学是现代工业的基础，分离技术涉及冶金、化工、制药、食品、环保、核能等诸多领域。针对不同的分离对象和工艺条件，可以采用多种方法最终实现物质的分离。

高分子分离膜是以天然的或合成的高分子为基材，经过特殊工艺制备的膜材料。由于材料本身的物理、化学性质和膜的微观结构特征，具有对某些小分子物质选择性透过的能力，因此可对多组分气体、液体进行有选择的分离，并可进行能量转化。

高分子吸附剂又称吸附树脂，根据其极性分为非极性、中极性、强极性三类。工业上生产和应用的非极性吸附剂均是交联聚苯乙烯大孔树脂。非极性吸附剂主要通过范德瓦耳斯力从水溶液中吸附具有一定疏水性的物质。中极性吸附剂主要是交联聚丙烯酸甲酯、交联聚甲基丙烯酸甲酯及（甲基）丙烯酸酯与苯乙烯的共聚物。中极性吸附剂从水中吸附物质，除了范德瓦耳斯力之外，氢键也起一定作用。强极性吸附剂有亚砜类、聚丙烯酰胺类、复合功能基类等，这些吸附剂对吸附质的吸附主要是通过氢键作用和偶极-偶极相互作用进行的，因此其中的一些品种可以称为氢键吸附剂。

5.7.3 高分子材料在燃料电池中的应用

燃料电池中应用的高分子合成材料主要是电解质膜，高分子电解质膜的厚度会对电池性能产生很大的影响，降低薄膜的厚度可大幅度降低电池内阻，获得大的功率输出。全氟磺酸质子交换膜的大分子主链骨架结构有很好的机械强度和化学耐久性，氟素化合物具有憎水特性，水容易排出，但是电池运转时保水率降低，又会影响电解质膜的导电性，所以要对反应气体进行增湿处理。高分子电解质膜的加湿技术，保证了膜的优良导电性，也带来电池尺寸变大、系统复杂化以及低温环境下水的管理等问题。目前一批新的高分子合成材料如增强型全氟磺酸型高分子质子交换膜、耐高温芳杂环磺酸基高分子电解质膜、纳米级碳纤维材料等，已经得到研究者的关注。

5.7.4 高分子材料在电子电气工业的应用

随着电子、通信、家电等行业的发展，高分子合成材料质轻、绝缘、耐腐蚀、易于成型加工的特点使其成为生产各种电子产品的最佳材料。例如，手机、笔记本电脑外壳均为薄壁制品，且在外壳上开设有多个小孔，需要材料的流动性好，熔接缝强度高，低温韧性好，因此通常用聚碳酸酯（PC）或 PC/ABS 合金。计算机处理器 CPU 散热器一般由金属散热片和风扇组成，除转子和定子是使用金属材料和磁性材料外，风扇的其他部分材料一般采用改性工程塑料。CPU 冷却风扇材料要求长期耐温性好、耐热氧化老化性好、高强度、阻燃、耐疲劳，并且具有良好的刚性和韧性，通常为玻纤增强聚对苯二甲酸丁二醇酯（PBT）材料。

家用电器中的高分子材料，如洗衣机中的塑料用量很大，综合考虑性能与成本，所用材料多为改性聚丙烯（PP）；冰箱面板外观部件，基本都采用改性的 ABS，冰箱的门封条一般使用耐超低温无毒软质聚氯乙烯；空调室外机壳通常采用添加光稳定剂、抗氧化剂及具有一定耐候性的 PP，室内的空调箱体使用阻燃 ABS。电视机的外壳材料可使用阻燃高抗冲聚苯乙烯（HIPS），电饭煲的外壳可使用高光泽聚丙烯，集成电路的封装材料多用环氧树脂模塑粉等。

参考文献

[1] 胡桢, 张春华, 梁岩. 新型高分子合成与制备工艺[M]. 哈尔滨: 哈尔滨工业大学出版社, 2014.

[2] 刘伟. 生物高分子材料及其应用研究[M]. 成都: 电子科技大学出版社, 2018.

[3] 王荣民, 宋鹏飞, 彭辉. 高分子材料合成实验[M]. 北京：化学工业出版社, 2019.

[4] 叶晓. 合成高分子材料应用[M]. 北京：化学工业出版社, 2010.

[5] 郝海刚. 高分子材料加工工艺学[M]. 成都: 电子科技大学出版社, 2019.

[6] 席艳君, 高亚辉, 李向南. 现代材料科学进展研究[M]. 咸阳: 西北农林科技大学出版社, 2019.

[7] 李桂金, 郭芳芳. 工程材料与机制基础[M]. 西安: 西北工业大学出版社, 2015.

[8] 韦军. 高分子合成工艺学[M]. 上海: 华东理工大学出版社, 2011.

[9] 方亮. 药用高分子材料学[M]. 4 版. 北京: 中国医药科技出版社, 2015.

[10] 贾红兵, 朱绪飞. 高分子材料[M]. 南京：南京大学出版社, 2009.

[11] 赵长生. 孙树东. 生物医用高分子材料[M]. 2 版. 北京：化学工业出版社, 2016.

[12] 潘祖仁. 高分子化学[M]. 5 版. 北京：化学工业出版社, 2011.

[13] 潘才元. 高分子化学[M]. 合肥：中国科学技术大学出版社, 2012.

[14] 张兴英, 李齐方. 高分子科学实验[M]. 2 版. 北京：化学工业出版社, 2007.

[15] 孙汉文, 王丽梅, 董建. 高分子化学实验[M]. 北京：化学工业出版社, 2012.

[16] 宋荣君, 李加民. 高分子化学综合实验[M]. 北京：科学出版社, 2017.

[17] 周智敏, 米远祝. 高分子化学与物理实验[M]. 北京：化学工业出版社, 2011.

[18] 唐黎明. 高分子化学[M]. 2 版. 北京：清华大学出版社, 2016.